我的动物朋友

徐帮学⊙编著

两栖爬行动物的风姿

★ ★ ★ ★ ★

体验自然，探索世界，关爱生命——我们要与那些野生的动物交流，用我们的语言、行动、爱心去关怀理解并尊重它们。

延边大学出版社

图书在版编目（CIP）数据

两栖爬行动物的风姿 / 徐帮学编著 . —延吉：延
边大学出版社 , 2013 . 4（2021. 8 重印）
（我的动物朋友）
ISBN 978-7-5634-5561-4

Ⅰ.①两… Ⅱ.①徐… Ⅲ.①两栖动物—青年读物 ②
两栖动物—少年读物 ③爬行纲—青年读物 ④爬行纲—少年
读物 Ⅳ.① Q959.5-49② Q959.6-49

中国版本图书馆 CIP 数据核字 (2013) 第 088679 号

两栖爬行动物的风姿
编著：徐帮学
责任编辑：孙淑芹
封面设计：映像视觉
出版发行：延边大学出版社
社址：吉林省延吉市公园路 977 号 邮编：133002
电话：0433-2732435 传真：0433-2732434
网址：http://www.ydcbs.com
印刷：三河市祥达印刷包装有限公司
开本：16K 165×230
印张：12 印张
字数：120 千字
版次：2013 年 4 月第 1 版
印次：2021 年 8 月第 3 次印刷
书号：ISBN 978-7-5634-5561-4
定价：36.00 元

前 言

　　人类生活的蓝色家园是生机盎然、充满活力的。在地球上，除了最高级的灵长类——人类以外，还有许许多多的动物伙伴。它们当中有的庞大、有的弱小，有的凶猛、有的友善，有的奔跑如飞、有的缓慢蠕动，有的展翅翱翔、有的自由游弋……它们的足迹遍布地球上所有的大陆和海洋。和人类一样，它们面对着适者生存的残酷，也享受着七彩生活的美好，它们都在以自己独特的方式演绎着生命的传奇。

　　在动物界，人们经常用"朝生暮死"的蜉蝣来比喻生命的短暂与易逝。因此，野生动物从不"迷惘"，也不会"抱怨"，只会按照自然的安排去走完自己的生命历程，它们的终极目标只有一个——使自己的基因更好地传承下去。在这一目标的推动下，动物们充分利用了自己的"天赋异禀"，并逐步进化成了异彩纷呈的生命特质。由此，我们才能看到那令人叹为观止的各种"武器"、本领、习性、繁殖策略等。

　　例如，为了保住性命，很多种蜥蜴不惜"丢车保帅"，进化出了断尾逃生的绝技；杜鹃既不孵卵也不育雏，而采用"偷梁换柱"之计，将卵产在画眉、莺等的巢中，让这些无辜的鸟儿白费心血养育异类；有一种鱼叫七鳃鳗，长大后便用尖利的牙齿和强有力的吸盘吸附在其他大鱼身上，靠摄取寄主的血液完成从变形到产卵的全过程；非洲和中南美洲的行军蚁能结成多达1000万只的庞大群体，靠集体的力量横扫一切……由此说来，所谓的狼的"阴险"、毒蛇的恐怖、鲨鱼的"凶残"，乃至老鼠令人头疼的高繁殖率、蚊子令人讨厌的吸血性等，都只是自然赋予它们的一种独特适应性而已，都是它们的生存之道。人是智慧而强有力的动物，但也只是自然界的一份子，我们应该用平等的眼光去看待自然界中的一切生灵，而不应时刻把自己当成所谓的万物的主宰。

人和动物天生就是好朋友，人类对其他生命形式的亲近感是一种与生俱来的天性，只不过许多人的这种亲近感被现实生活逐渐磨蚀或掩盖掉了。但也有越来越多的人，在现实生活的压力和纷扰下，渐渐觉得从动物身上更能寻求到心灵的慰藉乃至生命的意义。狗的忠诚、猫的温顺会令他们快乐并身心放松；而野生动物身上所散发出的野性特质及不可思议的本能，则令他们着迷甚至肃然起敬。

衷心希望本书的出版能让越来越多的人更了解动物，更尊重生命，继而去充分体味人与自然和谐相处的奇妙感受。并唤起读者保护动物的意识，积极地与危害野生动物的行为作斗争，保护人类和野生动物赖以生存的地球，为野生动物保留一个自由自在的家园。

编　者

2012.9

两栖爬行动物的风姿

目录

第三章　源远流长——有鳞目

第四章　千秋万代——龟鳖目

第一章

终生有尾——有尾目

　　有尾目是两栖动物中最不特化的一目，终生有尾，多数有四肢，幼体与成体比较近似。有尾目有水生的，也有陆生和树栖的，有些水生成员还终生保持有体型态。有尾目成员中的个体差异是两栖动物中最大的，适应于水栖生活，大多生活于淡水水域，也有些种类变态后离水而栖于湿地。生活在池塘、江河、湖泊、山溪、沼泽中的多为半水栖，其他以终生水栖或陆栖为主。

娃娃鱼——大鲵

中文名：大鲵

英文名：giant salamander

别称：娃娃鱼、人鱼、孩儿鱼、狗鱼、脚鱼等

分布区域：中国长江、黄河及珠江中上游支流的山涧溪流中

大鲵虽然名字里有个"鱼"字，但实际上它却并不是鱼。它长着一副古怪的样子：头扁而阔，眼睛很小，皮肤润滑，没有鳞片，背上有成对的疣瘤，从颈部到体侧都有皮肤褶，腹面颜色比较淡；四肢很短；前肢4指，后肢5趾，四只脚又短又胖；皮肤上腺体发达，当受到刺激的时候，这些腺体就会分泌出白浆状黏液。大鲵口大，上下颌上有细小的牙齿。一般有棕色、红棕色和黑棕色3种体色。因为它的叫声像婴儿啼哭，所以俗称娃娃鱼。大鲵身体扁平，外形与鲶鱼很相像，所以以前人们认为它是"鱼"。

大鲵一般栖息在海拔100~1200米的清澈山谷溪水中，喜欢在夜间活动，以鱼、蛙、虾等为食。大鲵靠隐蔽和突然袭击的技巧来捕食。因为它的身体很笨拙，游得不快，所以它无法去追捕猎物。它之所以能够靠隐蔽的方式捕食，是因为它有一身很好的保护色，与溪流中的卵石或河床下的沙石很相配。当它静静地伏卧在自己的洞口或石头下边时，游弋的鱼、蟹等动物很难发现它的踪迹。等到猎物临近，它便来个猛烈突击，张开大口，连吸带吞，大鲵的牙齿又尖又密，而且咬住了猎物是绝然不会松口的，所以猎物很难从其口中逃脱。大鲵也很耐饥，它的新陈代谢很缓慢，在缺少食物的情况下，有时

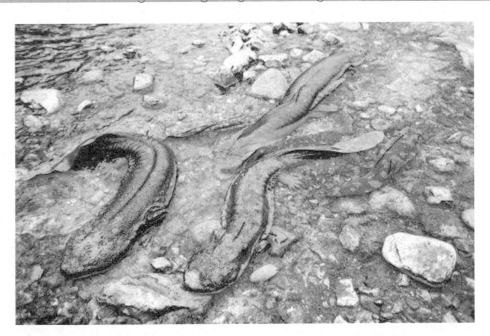

甚至两三年不喂食也不会饿死。

　　大鲵虽然不怎么怕冷，但它也有冬眠的习性。每年从初冬到来年开春，约有四五个月是卧在洞内休眠的时期。这期间它可以不吃不动，但在受到袭击时仍能作出反应。到了4月份，它就会爬出洞穴，开始努力捕食，以弥补冬眠时身体的亏空，由此可见大鲵既善于忍饥耐寒，又能暴食暴饮。

　　大鲵的产卵期是在5~8月，体外受精，它们的卵像球形，由胶带包裹，呈现念珠状。它的繁殖很有趣，产卵前，雄鲵会用头、足和尾把"产房"清扫干净，这个时候雌鲵才会进去。产卵的时间大多是在夜间，一次可产数百枚。卵由雄鲵负责监护，而雌鲵产完卵后就算完成任务，就此离开了。

　　雄鲵对自己的孩子照顾得非常尽心尽力，它常把身体弯曲成半圆形，将卵团团围住，或把卵带缠绕在身上，以防被水冲走和敌害的侵袭，直到孵出的幼鲵能分散独立生活后才离开。一只小鲵长成成体，是一件非常不容易的事。这是因为大鲵的生长期非常长，3年的时间才能长到20厘米长、100克重。大鲵在两栖类中体型是最大的一种，可长到2米左右，最重可达100千克。

　　大鲵分布于我国的山西、陕西、河南、四川、浙江、湖南、福建、广东、广西、云南、贵州等地，日本本州南部及四国、九州也有。在我国有很多人有捕食大鲵的习惯，所以资源受到严重破坏，仅以中国湖南为例，曾经在湘西地区出现过大量活跃繁衍的大鲵，而20世纪70年代以来，由于种种自然灾害和人为因素，现在已经很少能见到娃娃鱼的踪迹了。整个中国大鲵产区的资源状况也大体如此。如果人们还不保护这种珍稀动物，不久的将来，我们就将面临一个残酷的现实：人类将无法从自然界获得珍贵的大鲵资源了。因此，大鲵已被列为国家二级保护动物。

小四脚蛇——新疆北鲵

中文名：新疆北鲵

英文名：Ranodon sibiricus

别称：小四脚蛇

分布区域：中国和哈萨克斯坦两国的界山阿拉套山和天山的局部泉涌地区

新疆北鲵是新疆唯一存活下来的一种有尾两栖动物，也是距今3~4亿年前最原始的两栖动物物种之一。新疆北鲵的栖息地极度狭窄，中心地带约为500平方千米，数量稀少，分布面积狭窄，这在动物界极为罕见。

新疆北鲵头扁平，头的长度要比宽度大。尾基圆，向后极侧扁。吻宽圆，鼻孔位于吻侧。上唇后部有显著的唇褶，犁骨齿两短弧形，位于内鼻孔之间；前后肢贴体相对时，指、趾重叠；指、趾扁而宽，仅基部具蹼；指4，趾5，掌、蹠部无角质鞘。内外踱突明显或外蹠突不明显。尾长略大于头体长；尾部向下方略呈弯曲状，背鳍褶不发达，无腹鳍褶。

新疆北鲵皮肤光滑有光泽，体背面有痣粒，尾部有细小疣粒。颞部和枕部上方有5条纵行肤沟。体侧有肋沟12~13条，并延伸至腹部；口角后缘有一个大而扁平的隆起似耳后腺；颈褶明显；体侧在前后肢之间有一纵行肤褶。生活时体灰绿色。卵鞘袋粘滑而致密，呈纺锤形。

新疆北鲵通常栖息于海拔2100~3200米的高山泉水小溪、湖泊浅水处，溪内多为石底、急流，有瀑布，水清澈。新疆北鲵昼伏夜出，白天在日落之前，一般隐蔽在水底石头下；夜晚，从石头下面出来在水底游泳或爬行，以水生昆虫为食，有的还捕食小虾。

新疆北鲵的繁殖季节在6~7月初，其配对行为是雄鲵先产出精包附着在流溪中石块底面，然后雌鲵产出卵鞘袋，也附着在同一石块下，并行体外受精。每一尾雌鲵产出2条卵鞘袋，共产卵50粒左右。

去过新疆北鲵自然保护区的人，都想看一看这东西到底是个什么模样。新疆北鲵怕热、怕光，在白天，它通常会躲在石块下，晚上才出来觅食。如果想在白天看到新疆北鲵的话，就要去翻动石头，但是翻动石头就好比掀了北鲵居住的房屋。

新疆北鲵与恐龙同处一个发展年代，是一种古珍稀动物。属两栖纲，有尾目，小鲵科隐鳃鲵亚目。新疆北鲵数量稀少，种群数量6000尾左右，处于濒危边缘，被列为国际重点保护的珍稀野生动物。1840年，俄国探险家普热津瓦斯基在中国新疆地区和俄国首次发现北鲵，此后一个多世纪以来，我国对此物种再无文字记载。1994年6月，我国新疆首次人工繁育北鲵成功。

由于近几年来人为破坏的因素，违法捕捉，其他动物踩踏，再加上栖息地生态环境恶劣，饵料贫乏，所以导致新疆北鲵日趋濒危，数量急剧下降。

1989年，专家对新疆北鲵进行了考察，结果发现，新疆北鲵的种群密度仅为0.12，约有600尾，1990年7月再次考察时仅有约200尾，1993年考察时约有150尾，1996年考察时不足100尾，种群密度已经下降到只有0.02了。

由于新疆当地气候干旱降水少，这对北鲵的生存环境也会造成严重威胁。人为、自然的诸多因素，导致新疆北鲵的栖息范围逐渐缩小。如果不进一步加强保护北鲵，北鲵将会遭受灭顶之灾。

性情温顺——贵州疣螈

中文名：贵州疣螈

英文名：Tylototriton kweichowensis

别称：苗婆蛇、土哈蚧、描抱石

分布区域：中国贵州、云南

    贵州疣螈有着红色的背嵴棱，体侧有连续的红色纵线。背脊、头后侧及指、趾端均为橘红色。头部扁平，头宽要大于头长，顶部微微凹陷；吻短，吻端钝圆，突出于下唇，在头的两侧有显著的骨质棱脊，吻端的联结处有不太明显的凹陷；鼻孔比较小，位于吻前端，颊部略向外倾斜，眼睛不大，位于头的两侧，口角位于眼后角后下方，犁骨齿"Λ"形；长椭圆形的舌头约占口腔底部的一半，前后端与口腔底粘连，两侧略游离。其四肢粗短，前肢和后肢差不多长，前肢贴体向前时，指端可超过鼻孔，达到吻端，前后肢贴体相对时，指、趾末端相遇；指、趾端钝圆，前肢有4指，后肢5趾，指间没有蹼。尾巴的长度要比身体长短。

    贵州疣螈的皮肤粗糙，头背、体躯及尾部布满了大小不同的疣粒。体侧延至尾前段各有一系列略呈方形密集的瘰疣，连续隆起。有比较光滑的腹面，细皱纹间有小疣粒。头背部及体腹部呈深黑褐色，吻及上下唇缘色相对较浅；颈后呈土黄色，背脊部及体两侧沿瘰疣部位有三条土黄色宽纵纹，在尾基部会合，整个尾部为土黄色；体侧腋至胯部或多或少有土黄色斑纹；生活时指趾端的背腹面为橘红色。

　　贵州疣螈一般栖息在海拔1800~2300米的山区。它们喜欢生活在有阴湿草坡，多石缝、土洞，水中富于藻类与水生植物的水域附近，水深1米以下。贵州疣螈大多数陆栖，白天隐蔽在阴暗潮湿的上洞、石穴、杂草和苔藓、树根下。每当遇到雷雨天气，地面积水较多时，也会有多数跑出来活动。它们喜欢在夜间的草丛中活动，以昆虫，蛞蝓，以及小螺、蚌和蝌蚪等小型动物为食。平时活动觅食的地方多在水域附近，繁殖季节才进入水中。

　　每年的4~7月是贵州疣螈的繁殖季节，这个时候雄性和雌性会进入山区各种浅水中，进行交配产卵，它们也会把卵产在水域边上的大石块或大石块下的潮湿泥土表面。"小宝宝"会在大约22天后孵化出来。幼儿会一直生活在水中，真到完成完全变态之后才进入陆地生活。

　　然而，随着人类活动范围的不断扩大，以及环境污染等，造成贵州疣螈的数量越来越少。

自出一家——蓝尾蝾螈

中文名：蓝尾蝾螈

英文名：Blue--tail Cynops

分布区域：中国云南、贵州

　　蓝尾蝾螈是我国的特有动物之一，资源量丰富。蓝尾蝾螈是尾目蝾螈科。雄螈一般长85毫米左右，雌螈则100毫米左右。头部扁平，吻端钝圆；唇褶在口角前缘较显著；上下颌具细齿，犁骨齿"∧"形，前端会合。前肢细弱，指细长；后肢较粗壮略长；前后肢贴体相对时，雄螈指、趾末端略重叠，雌螈指、趾端相遇或不相遇；外掌突明显；有外蹠突。尾长短于头体长，尾基侧扁，尾鳍褶平直；肛孔长裂形。

　　蓝尾蝾螈的皮肤较粗糙，体、尾背面满布痣粒；枕部"V"形隆起与背嵴棱相连；耳后腺不明显；颈褶较明显；咽喉部有细痣粒，胸腹部较光滑。

　　蓝尾蝾螈是我国特有的品种，仅存在于我国西南地区。在它的身体腹部有橘红色的斑纹，背部和体侧大部分为黑褐色，有不规则的深色斑点分布在上面，尾部有蓝色的色彩，所以它被人们称之为蓝尾蝾螈。蓝尾蝾螈的颜色变异较大，多数个体背面为蓝绿色，有的为黑色、黑褐色或黄褐色，颜色较浅的则有分散的黑斑点；眼后角下方和口角后方有两个醒目的橘红色斑；头体腹面为橘红色，散有不规则的深色斑纹；肛部的色斑均在其前半段，为橘红色，后半段为灰黑色；尾腹鳍褶为橘红色；在其上缘有深色波纹状斑纹。

　　蓝尾蝾螈生活在永久性静水水域及其附近。水域内一般有水生草本植物，

附近林木繁茂，杂草丛生，石缝、土穴多，地面阴湿。在产地数量众多，是当地两栖动物的优势种。一般不远离水源，白天多隐匿在岸边潮湿阴暗的洞穴中，晚上入水觅食。在繁殖期间，白天多在水中活动。冬眠期蝾螈一般静伏于水域附近的石穴或土洞等潮湿环境中。

　　蓝尾蝾螈纳精1次或数次，可多次产出受精卵，直到过了产卵的季节为止。雌螈在产卵的时候会游到水面，将卵产在水草上面。每次产卵多为1粒，然后游到水底，稍作片刻休息之后再游到水面继续产卵；一般每天产3~4粒，产卵多的可达27粒，平均每年产220余粒，最多可达668粒。一般15~25天后，这些卵会孵化出来。

　　蓝尾蝾螈主要以多种水生小型动物和昆虫及其幼虫为食，如水丝蚓、水蚤、剑水蚤，以及爬入水中的蚯蚓等，对防除农业和危害人体健康的害虫有一定的作用。在饲养过程中发现成螈常常蚕食卵粒，同时也连同植物叶片吞食下去，还发现有吞吃自己蜕下的皮肤的现象。

　　蓝尾蝾螈在室内易于饲养，背面颜色多样，腹面橘红与黑色相间成大花

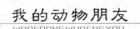
斑，非常醒目，饲养在动物园或庭园内可作为观赏动物。

蓝尾蝾螈已被列为重点保护的珍贵物种。由于其分布范围十分狭小，而且栖息地受到破坏和污染，导致族群数量不多，所以十分珍贵。

色彩斑斓——火蝾螈

中文名：火蝾螈

英文名：Salamandra salamandra

别称：真螈、火螈

分布区域：欧洲大陆1000米左右的高山森林中

　　火蝾螈在欧洲最为著名。据说火蝾螈喜欢藏身在枯木缝隙中，当枯木被人拿来生火时，它们往往会惊慌地从枯木中爬出来，感觉是从火焰中诞生似的，所以人们把它叫做"火蝾螈"。火蝾螈有着鲜艳醒目的体色，身上布满了橙黄色的条纹和点纹。它们呈黑色，有黄色斑点或斑纹。一些标本甚至是全黑或以黄色为主色，有时会有红色和橙色的。它们的寿命可以非常长，在德国的亚历山大·柯尼希博物馆就有一只火蝾螈达50岁。

　　火蝾螈是肉食性动物，大多在夜间活动，但是饥饿时白天也会出来觅食，它们的活动力不高。它们的分布区域遍及了整个欧洲大陆，所以也演化出高达十数种的亚种，但各亚种间体型并没有太大的差异，但是花色上却有五花八门的变化。

　　火蝾螈的性别分辨比较容易，雄性体型比雌性要小而苗条，泄殖孔周边因为存放生殖器官而呈现肿大，从侧面可以十分明显地看到；雌性体型相对较肥大，泄殖孔周边较小而平坦。交配的时候，雄螈会钻到雌螈的下面将雌螈背着走，一番"亲热"之后，雄螈会释放出一个精囊，由雌螈经泄殖孔置入体内，精囊在雌螈体内有长达4个月以上的使用时间，可以随时使卵受精，所以有时只养一只也有可能产子。火蝾螈的繁殖方式属卵胎生。雌螈的怀孕期长达六个月以上，卵在雌螈体内孵化后才产出。雌螈把卵产在水中，每胎可产下10~60只约2厘米的幼生体。这些幼生体会在水中生活3~5个月，然后上岸进化成陆上型，此时外鳃也会完全脱落。这时的幼生火蝾螈虽然很小，但是外型已完全与成体相同。上岸后约7~20天，背部的黄色斑纹会逐渐明显。这时它们在外观上已经定型，只要喂食蚂蚁、蟋蟀或果蝇之类的小昆虫就能让它们快速成长。

虽然雌性火蝾螈在池塘和溪流里产下幼螈，但是色彩艳丽的火蝾螈却是在陆地上度过成年时光的。它们身上鲜明的黄色和黑色的图案是警戒色，仿佛在警告："皮肤有毒，不要吃我哦。"在受到威胁时，火蝾螈会分泌出牛奶状的毒液，能烧坏任何想吃掉它们的动物的嘴巴和眼睛。这样当它们寻找食物时，敌人就不敢靠近它们，而离得远远的。此外，遇到危险的时候它们还会竖高自己的下颚，警告对方。就连毒性很强的珊瑚蛇看到它们也会闻风而逃。当蝾螈遇到蛇的进攻时，它们的尾部就会分泌出一种像胶一样的物质，它们用尾巴猛烈地抽打蛇的头部，直到蛇的嘴巴被分泌物粘住为止。有时，就会出现一条长蛇被蝾螈的黏液给粘成一团、动弹不得的情形。

神秘物种——无肺蝾螈

中文名：无肺蝾螈
英文名：Bolitoglossa
分布区域：厄瓜多尔西部

在有尾两栖动物最大的几个科中，无肺蝾螈到底是不是个体最多、发展最成功的还存在争议，但在美国东北部，它们的数量确实很多。

当考虑到下面一个事实时，这种成功就显得矛盾了，即在它们的进化历程中，它们丧失了所有脊椎动物中最基本的一个器官——肺，它们只能通过皮肤以及嘴内层来吸收氧气。这种局限性严重限制了它们的栖息地、活跃程度以及体型大小。体型较大的动物相对其本身体积来说只有较小的表面积，因此相比体型小的动物，如果它们只依靠皮肤进行呼吸的话，在给所有器官供氧这方面将更具难度。虽然如此，一些无肺蝾螈的体长仍超过20厘米。

运用皮肤呼吸最重要的一个因素是皮肤必须时刻保持湿润，以便使氧气能被皮肤下毛细血管里的血液携带。因此，生活在气候温和的栖息地中的无肺蝾螈，它们生命中的绝大多数日子只能在潮湿隐蔽的环境中度过，且只是在有雨的天气里才出来，而且一般是在晚上，为了交配或捕食。

所以，一只无肺蝾螈的生活包括一段短暂的活跃期，以及漫长的不活跃期。它们在不活动状态下之所以能够存活，是因为它们新陈代谢的速度非常慢，对能量的需求很低。它们不必经常进食，而当它们进食时，能够把所吃到的大多数食物转变成脂肪储存起来。

无肺蝾螈一般具有纤细的身体、长长的尾巴以及突出的眼睛。该科一个显著的特征是有一个浅沟，即鼻唇沟，它从每个鼻孔一直延伸到上嘴唇，它的作用是把气味分子传送到鼻腔中。

许多无肺蝾螈在特定的栖息地中过着特殊的生活。泉水蝾螈是一种颜色鲜艳的动物，它的皮肤呈红色、橙红色以及橙色，其上有黑色或棕色的斑点。它们居住在山区的溪水中，它们楔形的头部使它们能够挤进岩石中。红蝾螈也同样呈鲜艳的红色，在靠近泉水和溪水地方的泥土中掘洞生存。穴螈居住在山洞的入口处，它们长而能缠绕的尾巴使它们能在岩石上灵活地攀爬。

也许栖息在深邃的山洞中或者地下水域中的无肺蝾螈才是最奇异的种类。美国西南部的德州盲螈与洞螈科的一个成员——欧洲洞螈的外表极其相似，它拥有细弱的肢部、扁平的嘴巴、退化的眼睛、粉红色的外腮以及白色的身体。在美国欧萨克地区发现的盲螈具有浅粉色到白色的体色和退化了的眼睛，但是没有外腮，它的生命历程非常独特：在幼体时期，它们栖息在普通的溪水中，且具有典型的蝾螈体征，即功能完好的眼睛、外腮、一个大的尾鳍以及灰色或棕色的体色，但是在变态期间，它回到山洞中生活，并且失去了尾鳍、腮以及皮肤色素，其眼睛停止了生长并且逐渐被皮肤覆盖住。

　　就繁殖期活动而言，各种无肺蝾螈也不尽相同，北美东部的种类在夏季很活跃，一般在春季或者秋季交配，在初夏产卵；在西部，蝾螈则在炎热干燥的夏季保持不活跃状态，而在冬季和春季进行交配；而在中南美洲热带地区，它们终年都很活跃，一些种类能在一年中的任何时间繁殖。

　　无肺蝾螈许多种类的生存都受到了栖息地被破坏的威胁，特别是有些种类对栖息地的要求很严格，只能栖息在特定的环境，如洞穴中的种类。

六角恐龙——墨西哥钝口螈

中文名：墨西哥钝口螈

英文名：Axolotl

别称：六角恐龙

分布区域：墨西哥的湖泊中

    在墨西哥市南部，有一个名为索奇米尔的水乡泽国。在索奇米尔一带水域里生长着一种憨态可掬、生有六角的生物——墨西哥钝口螈，也称美西螈，它因为会发出"鸣帕鲁帕"的奇特叫声和长有不大常见的六只角而名声大噪。其实它的六只角就是呼吸用的3对外鳃。墨西哥钝口螈是水栖的两栖类，是墨西哥的特有种，因其独特的外貌及幼体性成熟而著名。也就是说，即使在性成熟后仍然保持它的水栖幼体型态，不会经历适应陆地的变态。虽然在全球它们有被作为宠物饲养，但是它们原有的栖地被人们大量开发，导致它们只有不到10平方千米的生活面积。

    自然界有些动物天生长着一张十分可爱的脸，让人惊艳，墨西哥钝口螈无疑是此中明星。据说全世界有超过30个品种。它们是两栖动物中很有名的"幼体成熟"种类（从出生到性成熟产卵为止，均为幼体的形态），幼体一生都在水中生活，也在水中产卵。墨西哥钝口螈成体一般只有25厘米左右，深棕色带黑色斑点。白化体、白色突变体以及其他颜色的突变体均常见。肢和足甚小，但尾巴比较长。背鳍由头背向后延伸于尾端，腹鳍从两个后肢中间延伸到尾末端。它们最有魅力的地方就是体色，常见到的有原色、白化黑眼、白化红眼、黄金和墨兰个体。不过，它们的身材虽然迷人，但它们却有着十分好的胃口，是个名副其实的大胃王。它们新陈代谢的速度也十分快，一个月的时间就可以长2~4厘米。它们已经有超过百年被当做宠物来饲养的历史了，但是，人们至今还没有弄清楚它们的野外生活模式。

钝口螈寻找食物的方式是凭借它们的嗅觉，它们会"吸附"于肉类上，用胃内的真空力量吸食食物。所以在饲养钝口螈的时候，不能把未成年钝口螈与其他动物养在一起，它们会相互撕咬对方，即使是同类也不例外，但成年的钝口螈是可以养在一起的。

钝口螈具有非常强的再生能力，尤其是幼体，任何断掉的四肢，它们都可以在一个月之内重新长出来。所以一般的小伤对它们来说完全没有什么大的影响。它们的再生能力会随着年龄的增长而逐渐减弱，但是仍然可以再生表皮或手指、脚趾等组织。

墨西哥钝口螈不论是何种体色，不论是野生还是人工条件下饲养，在幼体还没有发育成熟前，在其食物中添加相应激素，可诱导其幼体发育成类似蝾螈的个体，在生理结构、功能及其器官等方面，都会发生类似的改变，如外鳃退化消失，体内发育可呼吸的肺，趾端形态趋近蝾螈，并可由水生转为两栖，虽然可以爬行，但四肢并不协调。从这个实验可以看出最早一批类爬行动物进化的过程，在生物进化、遗传变异和动物生理学等方面有很重要的意义。

绝无仅有——鳗螈

中文名：鳗螈
英文名：Sirenidae
分布区域：美国大西洋沿岸

　　鳗螈是一种两栖动物，是有尾目的一科，终身有鳃或有鳃裂，无肛腺，体外受精，前颌骨上有角质鞘。鳗螈属终生水栖，体型似鳗，身体长，尾巴相对较短，有一对前肢，但是很细弱，没有后肢和盆骨。成体有鳃孔和3对外鳃，眼睛非常小，没有眼睑，犁骨齿保持幼体期状态。一般生活在较浅的静水域或缓流溪中。经常在水底杂草间活动，偶尔上陆。当遇到长期干旱时，它们可由皮肤分泌出一种黏液，这种黏液可在土穴内形成一个坚硬的外壳，形状像一个茧，它们就会在这个茧壳内度过干旱恶劣的环境。这时，鳗螈的皮肤失去湿润性，外鳃萎缩，仅保留鳃孔。鳗螈卵单生，附着在水草上。幼体有发达的背鳍褶，从头后面一直到尾巴的末端。当完成变态后，就只在尾部有鳍褶，皮肤没有幼体特有的莱氏腺。

　　鳗螈从外形上看很像鳗鲡。它有细长的身躯，颜色多为棕色、深灰色。幼体和成体都有羽状鳃。它们交配时是在水中进行的，产卵从一个到多个不等，鳗螈把卵产在水草叶上。幼体发育为成体不经历变态过程。

　　世界上只有3种鳗螈，它们生活在美国南部和中部以及墨西哥东北部。它们居住在沟渠、溪流、湖泊的浅水中，是活跃的捕食者，以小龙虾、蠕虫、蜗牛等动物为食，并且大部分时间都藏在泥土里或沙子中。它们嘴巴的前部没有牙齿，取而代之的是一个角状的喙，它们通过吮吸进食，把水和食物吸入嘴中。它们鳗鲡状和长有外腮的身体使它们看起来像过度生长的幼体。大

一点的鳗螈体长可达90厘米，这使它们成为世界上最大的有尾两栖动物之一，但是体型较小的鳗螈身长很少超过25厘米。微小的侏儒鳗螈数量众多，特别是当它们生活在凤眼蓝（一种水藻，被引进北美洲后大量生长）中时。当鳗螈被捕获时，它们通常会发出短促、尖利的叫声。

夏天，许多鳗螈生活的水塘和水沟都会干涸，但是它们能够通过进入"夏眠"的状态来度过这段干旱的时期。当沙子和泥土变得干涸时，覆盖在它们皮肤上的黏液外层会变得坚硬，并形成羊皮纸样的茧，覆盖在除了嘴以外的全身。它们能在这种环境中存活数周，直到它们的居住地重新充满了水。

关于鳗螈的繁殖至今仍是一个谜，因为人们从未观察到过它们的交配过程。雄体没有其他许多有尾两栖动物用来分泌精囊的腺体，雌体没有储存精子的接受器，这些都表明它们是体外受精的。但是，雌体会独自将卵分散地放在水生植物中，表明卵可能在产下之前就已受精。到底鳗螈进行的是一种与其他有尾两栖动物不同的体内受精方式，还是雄体在雌体产卵时紧随雌体，在卵产出时对每个卵授精，这些问题都需要进一步地研究。

裸盲蛇——蚓螈

中文名：蚓螈

英文名：caecilian

别称：裸盲蛇

分布区域：主要分布在亚洲和非洲

　　蚓螈尾极短或无四肢和肢带，蚯蚓状。已知的有160余种，下分隶6~7科30余属。广布于环球热带和亚热带湿热地区，尤以南美的种类最多。非洲东西两侧均有分布，并在塞舌尔群岛有6~7种，而马达加斯加岛没有。在亚太地区分布于东南亚和南亚及西侧新几内亚岛（又称伊里安岛）。大洋洲及欧洲无分布。中国现有双带鱼螈和版纳鱼螈两种。

　　蚓螈是两栖纲蚓螈目一类动物的总称，是一种形似蚯蚓的两栖动物。白天栖息在土壤中，在夜间才出来觅食。绝大多数的蚓螈主要是在陆地上活动。它们与蚯蚓最大的不同处就在于它们有嘴巴用以进食，同时还拥有眼睛，虽然眼睛不是很发达。这种两栖类的存在，一般人是很难察觉的。

　　蚓螈体表周身有缢纹环绕，形成许多排环褶。每1环褶间有排列成行的长囊状大腺体和4~6行真皮骨质小鳞，下陷在真皮肤内，背面褶间小鳞多的达千行，仅个别属无鳞。头侧鼻与眼间有一可伸缩的"触突"，可能与嗅觉有关。眼小，无眼睑，眼隐于皮下或为薄的膜骨所覆盖。中耳仅有不发达的耳盖骨和耳柱骨，无咽鼓管、鼓室和鼓膜。舌较大形，有游离缘抵向内鼻孔。有上颌齿和与之平行的犁腭齿各1排，下颌有齿1~2排。头部背腹面的骨片均

大而少，排列紧凑而坚实，一般无大窝孔。这种头骨类型虽与现生的有尾类、无尾类均不同，但骨片成分基本相同。坚固的头颅是适应穴居生活的一种性状。椎体双凹型，有残留脊索。肋骨较长。右肺发达，左肺退化。雄性泄殖腔壁能翻出成为交接器。体内受精。肛裂纵置或横置。

大型蚓螈多以无脊椎动物为食，偶尔也会捕食小型蜥蜴。一般切碎的鱼虾肉或面包虫都可以接受。人工饲养也比较容易，在食物供给上并不会有任何困难。至于雌雄的分辨则十分困难，雌蚓螈将卵在体内孵化并让幼体成长至一定长度才会产下。因此，幼体产下后便能够脱离雌蚓螈独立谋生。

物竞天择——洞螈

中文名：洞螈

英文名：Proteus anguinus

别称：盲螈

分布区域：意大利第里雅斯特附近的伊松佐河盆地，斯洛文尼亚南部、克罗地亚西南部，最远到达赫塞哥维纳

　　洞螈是为数不多长期生活在水中的两栖类动物，达尔文在他的著作《物种起源：用进废退》中描述洞穴生物时记载过洞螈，并且把它们称之为"远古生命的残骸"。

　　洞螈是洞螈属下的唯一一个物种，其长相十分怪异，终生都保持幼体型态。洞螈是一种水生蝾螈，全身呈白色，四肢细小，身长不到30厘米，但也有部分个体的长度可以达到40厘米，有发达的3对外鳃和2对鳃孔，羽状鳃红色。其头狭小，头骨多软骨质。吻钝，没有眼睑，虽然眼睛已经退化，但感光仍然十分灵敏。它们一生都生活在地下水形成的暗洞内，时常将鼻孔伸出水面呼吸空气。皮肤在光照下可变成黑色，回暗洞后肤色又恢复原状。多为卵生，有时卵胎生。卵分散贴附于石下。亲螈有护卵习性，约3个月的孵卵期。当洞螈处于幼体时，可看到它们的眼睛，背面有鳍褶，发育为成体时，其他结构并没有改变，为永久性童体型。洞螈看起来像一只蜥蜴，因此也被人称为"人鱼"，这是由于它们粉红色的皮肤和细小的前肢和腿，让它们看起来有点像一个小人。人们曾一度认为它是传说中龙的幼体。在这种怪异的外

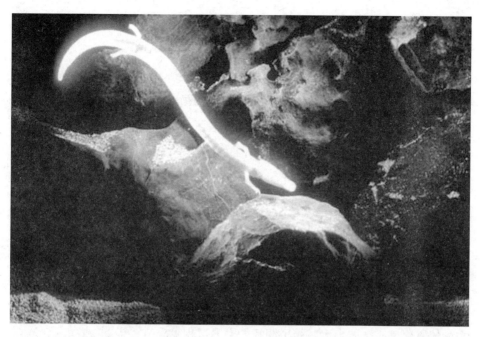

表下，洞螈有着许多不可思议的地方。

　　洞螈一生都在漆黑的洞穴中生活，它们没有眼睛，皮肤中没有色素。奇怪的是，如果洞螈生活在有光线的地方，它们将长出眼睛，皮肤也会变成褐色，但是眼睛的发育并不完全，而且缺失重要的视神经，所以虽然它们有眼睛，但仍然是盲的。

　　洞螈是两栖动物，在陆地上用肺呼吸。在水中时通过腮呼吸，腮位于头后面身体的外部，两侧都有，均十分透明，因为里面有血液在流动，所以看起来微带红色。

　　在两栖动物中，洞螈算得上是一种比较长寿的动物，平均寿命有60多岁，个别长寿者甚至可以活上100多年，这让渴望长寿的人类非常羡慕。近年来，法国生物学家雅恩·沃伊特伦等人开始着手对洞螈进行了科学研究，希望能够找到它们如此长寿的原因，提高人类寿命。

　　沃伊特伦和同事对捕捉到的成年体洞螈进行分析，使用相关公式得出它们的平均寿命是其他相似体重两栖物种的3倍，而且，即使年龄很大的洞螈，也同样具备生殖能力。这似乎违背了生命的发展规律，难道洞螈真的是"幼龙"吗？当然不是的，洞螈的长寿与其生活的环境有关，也和洞螈自身的基因有关。

洞螈一辈子都生活在黑暗寒冷的环境中，新陈代谢速率较低，新陈代谢慢，形成的DNA自由基的数量也就更少，而自由基是一种损害DNA的物质。自由基是身体代谢的一种多余副产品，是在细胞中线粒体产生腺苷三磷酸盐（ATP）能量分子时产生的，自由基可以攻击DNA分子，使其更易产生氧化反应。因此，自由基越少，细胞代谢和衰老的速度也就越慢。

不过，这种低新陈代谢速率和有效的抗氧化机理并不能完全成为洞螈长寿的原因，因为这和其他两栖动物并没有太多的差异。

经过进一步研究，沃伊特伦发现在线粒体产生腺苷三磷酸能量分子时，洞螈比其他动物产生更少的自由基。换句话说，在试验的过程中，他发现洞螈具有特殊的线粒体功能，既可以产生大量的腺苷三磷酸盐，但同时不产生大量的氧化反应，这大大减缓了洞螈的衰老过程。

尽管洞螈是一种长寿的动物，但是，成年的洞螈每隔12年才繁殖一次，而且由于人类活动导致地下水域污染，致使它们的生存条件恶化。目前，这个物种也开始逐渐远离我们，一步步走向灭绝的边缘。

第二章

历史悠久——无尾目

　　无尾目是生物从水中走上陆地的第一步，比其他两栖生物要先进一些。虽然多数已经可以离开水生活，但繁殖仍然离不开水，卵需要在水中经过变态才能成长。无尾目主要包括两类动物：蛙和蟾蜍。这两类动物没有太过于严格的区别，实际上有些科同时具有这两类成员的特点，在描述无尾目的成员时，多数可以统称为蛙。无尾目历史悠久，三叠纪便已经出现，直到现代仍然繁盛，除了两极、大洋和极端干旱的沙漠以外，世界各地都能见到。

害虫克星——蟾蜍

中文名：蟾蜍

英文名：Toad

别称：癞巴子、癞蛤蟆、蚧蛤蟆、蚧巴子

分布区域：世界温带至热带地区

蟾蜍的品种很多，它们是脊椎动物由水生向陆生过渡的中间类型。这种动物常被人们看不起，不少人认为蟾蜍丑陋无比，十分令人讨厌，但它却是捕虫能手，是守卫农田的好卫士。最常见的蟾蜍是大蟾蜍，俗称癞蛤蟆。

蟾蜍皮肤粗糙，背面长满了大大小小的疙瘩，这是皮脂腺。其中最大的一对是位于头侧鼓膜上方的耳后腺。它容颜丑陋，经常在田埂道边钻来爬去。蟾蜍的食物主要是昆虫，其中小型昆虫有粘虫、蚂蚁、蚜虫、蚊虫、蜡象、金龟子、象鼻虫、小地老虎、甲虫等；大型昆虫如蝼蛄、大青叶蝉等。

蟾蜍行动笨拙，不善游泳。由于后肢较短，只能做小距离的、一般不超过20厘米的跳动。常见的蟾蜍只不过拳头大小，可是在南美热带地区却生活着世界上最大的蟾蜍，最大的个体长约25厘米，为蟾中之王。

蟾蜍平时栖息在小河、池塘的岸边草丛内或石块间，白天藏匿在洞穴中不活动，清晨或夜间爬出来捕食。蟾蜍喜欢在早晨和黄昏或暴雨过后，出现在道旁或草地上。如被人们用脚碰一下，它会立即装死，躺着一动不动。它的皮肤较厚，具有防止体内水分过度蒸发和散失的作用，所以能长久居住在陆地上而不到水里去。每当冬季到来，它便潜入烂泥内，用发达的后肢掘土，在洞穴内冬眠。

一只雌蟾蜍每年产卵3.8万枚左右，是两栖动物中产卵最多的一种。但有趣的是，它的蝌蚪却很小，仅1厘米长。蟾蜍不仅能巧妙地捕食各种害虫，也能很好地保护自己。它满身的疙瘩能分泌出一种有毒的液体，凡吃它的动物，一口咬上，马上便会产生火辣辣的感觉，不得不将它吐出来。

蟾蜍虽然样子很难看，但是从民俗文化的角度讲，却被赋予了很多涵义。比如民间传说月中有蟾蜍，故把月宫称做蟾宫。诗人写道："鲛室影寒珠有泪，蟾宫风散桂飘香。"

那么古人为什么要把月亮与蟾蜍联系起来呢？现代有学者认为可能有两种原因：一种是观察与联想所致，因为月亮晚上才能看见，而蟾蜍也是在夜间活动，而且月中有黑影形似蟾蜍，所以很容易联系在一起而成为神话传说；另一种是图腾崇拜的反映，上古时代蟾蜍很可能曾是某些氏族或部族崇拜的图腾象征，考古发现在这方面就有相当多的揭示。

蟾蜍在民间也被誉为幸福的象征，比如在民间曾经流传过刘海戏金蟾的神话故事。相传憨厚的刘海在仙人的指点下，得到一枚金光闪闪的钱币。后来刘海就用这枚金钱戏出了井里的金蟾，得到了幸福。

不论是神话中的蟾蜍，还是现实生活中的蟾蜍，都确确实实与人类有密切的关系，为人类做了很多好事。蟾蜍是农作物害虫的天敌，据科学家们观察研究，在消灭农作物害虫方面，它要胜过漂亮的青蛙，它一天一夜之间吃掉的害虫要比青蛙多好几倍。

蟾蜍不仅体型大，胃口也特别好，它常活动在成片的甘蔗田里，捕食各种害虫。因此，世界上许多产糖地区都把它请去与甘蔗的敌害作战，并取得了良好成绩。

捕虫能手——青蛙

中文名：青蛙
英文名：frog
别称：蛙、蛤蟆
分布区域：世界各大洲的水域、湿地

青蛙是两栖纲无尾目的动物，成体无尾，卵产于水中，体外受精，孵化成蝌蚪，用鳃呼吸，经过变态，成体主要用肺呼吸，兼用皮肤呼吸。蛙体型较苗条，多善于游泳。颈部不明显，无肋骨。前肢的尺骨与桡骨愈合，后肢的胫骨与腓骨愈合，因此爪不能灵活转动，但四肢肌肉发达。

青蛙前脚上有四个趾，后脚上有五个趾，还有蹼。青蛙头上的两侧有两个略微鼓着的小包包，即耳膜，青蛙可以通过它听到声音。青蛙的背上是绿色的，很光滑、很软，还有花纹，腹部是白色的，这可以使它隐藏在草丛中，捉害虫就容易些，也可以保护自己。它的皮肤还可以帮助它呼吸，只有雄蛙才有气囊。青蛙用舌头捕食，舌头上有黏液。青蛙是卵生的，卵孵化成蝌蚪，最后才变成青蛙。青蛙的身体分头、躯干、四肢三部分，皮肤光滑。

青蛙平时栖息在稻田、池塘、水沟或河流沿岸的草丛中，有时也潜伏在水里。一般是夜晚捕食。蛙是杂食性动物，其中植物性食物只占食谱的7%左右，动物性食物约占食谱的93%。

青蛙害怕干旱和寒冷，因此大部分生活在热带和温带多雨地区，分布在寒带的种类极少。我国的蛙类有130种左右，南方深山密林中种类较多。蛙保护庄稼的作用极为明显，它们多以田间的害虫为食，是一种对人类有益的生物。

青蛙吃东西的时候动作是非常迅速的，当它们看到目标后，就会立刻一跃而起，准确地把目标咬住，随即吞食。即使是身体较大的稻蝗在它们面前跳过，青蛙也不放过机会，吐出舌头把它送到口里。从它们一连串的捕食动作中可以看出，蛙类的舌头很发达，厚而多肉，能分泌很多黏液，舌根倒生在下颌前缘，舌头尖很薄，有分叉。青蛙捕捉食物时，舌尖突然翻出，粘住食物，卷入口中。它的口腔宽而扁，上颌和口腔的上壁有细齿，可以防止食物逃脱。它的食管也很宽大，而且有伸缩性，所以能吞下较大的害虫。青蛙胃的消化能力较强，能把囫囵吞下去的害虫消化得一干二净。

青蛙的眼睛非常特殊，对于活动的东西反应很敏锐，而对于静止的东西反应却很迟钝。原来，蛙眼视网膜的神经细胞分成五类，一类只对颜色起反应，另外四类只对运动目标的某个特征起反应，并能把分解出的特征信号输送到大脑视觉中枢——视顶盖。视顶盖上有四层神经细胞，第一层对运动目标的反差起反应；第二层能把目标的凸边抽取出来；第三层只看见目标的四周

边缘；第四层则只管目标暗前缘的明暗变化。这四层特征就好像在四张透明纸上的画图，选在一起就是一个完整的图像。因此，在迅速飞动的各种形状的小动物里，青蛙可立即识别出它最喜欢吃的苍蝇和飞蛾，而对其他飞动着的东西和静止不动的景物则毫无反应。蛙会有效地捕捉住任何小的移动物体，只要虫子在飞，不管飞得多快，往哪个方向飞，它都能分辨并且能够准确地将其捕获。人类也正是在此基础上，充分发挥了仿生学的优势，制造了电子蛙眼。

暴力分子——牛蛙

中文名：牛蛙
英文名：Bull frog
别称：喧蛙、食用蛙
分布区域：美洲及亚洲等地

牛蛙的体型与一般蛙相同，但个体较大，雌蛙体长达20厘米，雄蛙18厘米，最大个体可达2千克以上。头部宽扁，吻端尖圆面钝。眼球外突，分上下两部分，下眼皮上有一个可折绉的瞬膜，可将眼闭合。背部略粗糙，有细微的肤棱。四肢粗壮，前肢短，无蹼。雄性个体第一趾内侧有一明显的灰色瘤状突起。后肢较长大，趾间有蹼。肤色随着生活环境而多变，通常背部及四肢为绿褐色，背部带有暗褐色斑纹；头部及口缘鲜绿色；腹面白色；咽喉下面的颜色随雌雄而异，雌性多为白色、灰色或暗灰色，雄性为金黄色。鸣声很大，从远处听像牛叫，因此，人们称它为牛蛙。

牛蛙的食物构成以动物性饲料为主，尤其喜食活饵。在不同的发育阶段，食性也不尽相同。蝌蚪可喂以蛋黄、血粉、角粉等，也可用豆浆、麸皮、面粉等。幼蛙及成蛙的食物范围包括环节动物，如蚯蚓；节肢动物，如甲壳类虾；软体动物，如螺、蚌；鱼类、两栖类、爬行类的幼体及哺乳类的内脏等。牛蛙生性贪婪，生长季节食量较大。用饵料盘喂食时，成群争抢上盘，体弱、个小的往往被挤出盘外。牛蛙的最大胃容可达空胃容的10倍。6~8月是其摄食旺季，每月每只平均摄食160克人工饲料，平均每天食5克为宜。牛蛙生性

凶残，经常发生大牛蛙吃小牛蛙的现象。因此，人工养殖牛蛙要大小分养，尽量避免其同类相残。牛蛙能吃也耐饥。在食物极度缺乏时，牛蛙的新陈代谢水平会自然降低。在低温冬眠期，牛蛙可以承受4个月至1年的饥饿，体重大幅度减轻。

牛蛙是北美最大的蛙类，可以说是青蛙家族中的暴力分子，虽然名字里有个"蛙"字，但它们并不喜欢吃草，只吃肉，而且经常会去捕食比它小的青蛙，有时还敢挑战比它大的动物，如水蛇等。

牛蛙生活于湖泊、沟港、池塘等水域环境及附近的陆地，平时喜栖息于沟、塘边。若水面长有浮水植物，则伏于水草，仅以头部露出水面，一遇惊扰便潜入水中。牛蛙有群居的特性，往往是几只或几十只共栖一处，待适应环境后，便不随便搬迁。到了5月上旬，牛蛙叫声尤甚，一蛙先鸣，其他蛙跟随齐鸣，夜间比白天叫得更厉害，其后便抱对产卵。产卵期至7月中旬止，历经70天左右。卵呈片状，借水草固着浮于水面。受精卵孵化为蝌蚪，生活于水中，以后变态为蛙，过水陆两栖生活。冬季水温下降到10℃左右时，牛蛙开始躲藏于洞穴或淤泥中，停止活动与摄食。但当气温回升到10℃以上时，又出来活动觅食，即使冬天也是如此，故牛蛙在洞庭湖地带无明显休眠期。

　　牛蛙捕食时，大多选择在安全、僻静和饵料丰富的浅水处，或离水不远的陆地，蹲伏不动，耐心等待。如无外来干扰，不常变换位置；发现猎物时则以猛扑的方式跳跃捕捉。当被捕获物离蛙较远时，则轻轻地爬向目标，伺机捕捉。由于其动作敏捷，一般很少落空。在陆上捕获食物后，往往立即跳入水中，用前肢帮着吞下食物，然后回转至岸边。有时连同捕获物上的附着物，如草叶、浮萍等也一同摄入。

　　雄牛蛙经常高亢地鸣叫，主要是为了吸引雌牛蛙的注意。有些牛蛙似乎患有"口吃病"，"唱"起来总是"结结巴巴"的，但是研究发现，即便是"口吃"的牛蛙，鸣叫起来也有固定的规律。

　　雄牛蛙对闯入它领地的入侵者非常反感，它会在自己的领地大声鸣叫，表示这是它的"地盘"，还会用踢、推的办法将入侵者赶走。如果入侵者还是不走，一场恶战就在所难免。

身藏剧毒——箭毒蛙

中文名：箭毒蛙

英文名：poisonarrowfrog

别称：毒标枪蛙、毒箭蛙

分布区域：巴西、圭亚那、智利等热带雨林

箭毒蛙是全球最美丽的青蛙，它通身鲜明多彩，四肢布满鳞纹。其中以柠檬黄最为耀眼和突出。举目四望，它似乎在炫耀自己的美丽，又像在警告来犯的敌人。箭毒蛙是毒性最强的物种之一，体内的毒素可以杀死2万多只老鼠，它们的个头极小，最小的仅1.5厘米，个别种类也可达到6厘米。除了人类能够制服箭毒蛙外，没有什么敌害可以伤害到箭毒蛙。

箭毒蛙"依仗"自己的毒性，既使在白天也敢出来活动。箭毒蛙的毒性非常大，这种蛙毒物质属于一种甾体类毒素，能够破坏神经系统的正常活动，不过，箭毒蛙的毒液只能通过人的血液起作用，如果不把手指划破，毒液至多只能引起手指皮疹，而不会导致死亡。聪明的印第安人懂得这个道理，他们在捕捉箭毒蛙时，总是用树叶把手包卷起来以避免中毒。

很早以前，印第安人就开始利用箭毒蛙的毒汁去涂抹他们的箭头和标枪。他们用锋利的针把箭毒蛙刺死，然后放在火上烘，当蛙烘热后，毒汁就从腺体中渗透出来。这时，他们就拿箭在蛙体上来回摩擦，毒箭就制成了。一只箭毒蛙的毒汁可以涂抹50支镖、箭，猎物如果被这样的毒箭射到，就会立即死亡。

　　箭毒蛙之所以具有那么大的毒性，主要原因在于它们的天然食物——蛛类。蜘蛛的毒性会被箭毒蛙吸收，转化为箭毒蛙自身的毒液。

　　蛇是箭毒蛙的天敌，尤其是巨大的蟒蛇和有毒的眼镜蛇，是箭毒蛙必须防备的首要敌人。当然，人类的捕杀也对箭毒蛙的生存构成威胁。

　　有人曾尝试养殖箭毒蛙，但发现人工饲养的箭毒蛙却没有毒性！原因是野生状况下的箭毒蛙以热带的蚂蚁和昆虫为食，正是这些食物使箭毒蛙体内产生毒素。

　　雌性箭毒蛙要产卵时，雄性箭毒蛙会对着雌性"哼哼唧唧"地"唱歌"，好让雌蛙有心情产卵。

　　大自然中有很多动物是靠隐蔽色逃避天敌的，箭毒蛙的生存策略恰恰相反。它鲜艳的颜色和花纹在森林中显得格外醒目，仿佛是在告诉敌人，它们是不宜吃的。箭毒蛙家族就是凭借其警戒色和毒腺的保护而存活至今的。

蛙中猛虎——虎纹蛙

中文名：虎纹蛙

英文名：tiger frog

别称：水鸡、青鸡、虾蟆

分布区域：中国的大部分地区南亚和东南亚一带

　　虎纹蛙长得既魁梧又壮实，因此有"亚洲之蛙"之称。雌性虎纹蛙比雄性的大，体长可超过12厘米，体重250~500克。它的皮肤非常粗糙，头部及体侧有深色不规则的斑纹。背部呈黄绿色略带棕色，有十几行纵向排列的肤棱，肤棱间散布着许多小疣粒。腹面白色，也有不规则的斑纹，咽部和胸部还有灰棕色斑。前后肢都有横斑。由于这些斑纹看上去像虎皮，因此得名。它的趾端尖圆，趾间有全蹼。前肢粗壮，指垫发达，呈灰色。雄蛙有一对外声囊。目前，虎纹蛙已被列为国家二级重点保护动物。

　　虎纹蛙的头部呈三角形，头与躯干没有明显界限。头端部较尖，游泳时可以减少阻力，便于破水前进。虎纹蛙的口十分宽大，除捕食外，一般很少张开。它的眼睛在头的背侧或头两侧，上方和下方都有眼睑，与眼睑连在一起的还有向内折叠的透明瞬膜，在潜水时，瞬膜上移可以盖住眼球。在虎纹蛙的外鼻孔上有一个鼻瓣，可以随时开闭，以控制气体的进出。雄性头部腹面的咽喉侧部有一对囊状突起声囊，是一种共鸣器，能扩大喉部，发出如犬吠般的洪亮叫声，以吸引雌性。躯干部有两对肢体，前肢短，具4趾，可以起到支撑身体前部的作用，在捕食和游泳时，还能维持身体的平衡。后肢较长，

具5趾，趾间具蹼，在水中游泳和在陆地上跳跃时能够起到推进作用。

虎纹蛙是水栖蛙类动物，常生活于丘陵地带海拔900米以下的水田、沟渠、水库、池塘、沼泽地等地，以及附近的草丛中。白天多藏匿于深浅、大小不同的石洞和泥洞中，仅将头部伸出洞口，如有食物，它就会迅速捕食，如果遇到敌害，它就会隐入洞中。雄性虎纹蛙还占有一定的领域，即使在密度较大的地方，彼此间也有10米以上的距离。如果它们发现在自己的领域内有其他同类在活动，就会很快跳过去赶走入侵者。

虎纹蛙的食物种类繁多，主要以鞘翅目昆虫为食，这种昆虫约占食物量的36%，其他食物包括半翅目、鳞翅目、双翅目、膜翅目、同翅目的昆虫、蜘蛛、蚯蚓、多足类、虾、蟹、泥鳅，以及动物尸体等。令人难以置信的是，它竟然还吃泽蛙、黑斑蛙等蛙类和小家鼠，而且它们在虎纹蛙的食物中有很重要的位置。由此看来，虎纹蛙不仅长了一身虎纹，还的确是蛙类中名不虚传的"猛虎"。

由于眼睛的特殊结构，一般蛙类只能看到运动的物体，所以只能捕食活动的食物。但虎纹蛙与一般蛙类不同，它不仅能捕食活动的食物，而且可以直接发现和摄取静止的食物，如死鱼、死螺等有泥腥味的水生生物的尸体。虎纹蛙主要在夜晚出来活动和觅食。它的舌根生在下颌前端，舌尖分叉，捕食时黏滑的舌头能迅速翻转，射出口外将昆虫捕获，卷入口中。它还有另一类不同于其他蛙类的捕食方式。当发现猎物时，虎纹蛙就会向猎物跳过去，举头后仰并张开下颌，迅速伸出舌头一挥，扫出一个180°的弧线，在完成摆动前就准确地触到猎物，它长而柔软的舌头会将其包住，然后迅速地缩回舌头，把猎物带进口中，再吞到胃里，这个过程瞬间就可完成。虎纹蛙在浅水区域捕获水中昆虫、鱼类时，会用嘴咬住猎物，然后吞食。

虎纹蛙没有恒定的体温，它是冷血的变温动物，体温很低，而且还常随环境温度的变化而变化。如果遇上阴雨天，温度下降较多时，它就会暂时停止摄食活动，生长速度变慢甚至停止。到了寒冷的冬季，它就会进入冬眠状态。在冬眠前，虎纹蛙会积极捕食，为越冬贮存养料。

每年的5~8月，是虎纹蛙的繁殖期。这时，虎纹蛙冬眠苏醒后，就会立即进行繁殖活动。虎纹蛙的生活包括卵、蝌蚪和蛙三个阶段。在水中，虎纹蛙进行体外受精，卵孵化后成为蝌蚪，开始适应水中生活。随着发育阶段的不同，蝌蚪的外形发生了很大变化，它的尾巴逐渐消失。蝌蚪经过变态进化为蛙后，就转移到陆地生活，开始用肺呼吸。

状若顽石——石蛙

中文名：石蛙

英文名：Giant spiny-frog

别称：梆梆鱼、山蚂拐、石板蛙

分布区域：中国南方丘陵山区

石蛙是一类大型的蛙类。它的头、躯干和四肢的背面及体侧布满了小圆疣，体侧看起来最明显。观察雄石蛙的胸部，就会发现它长有坚硬的黑刺，所以它的名字又叫"棘胸蛙"，但雌性腹面皮肤光滑，没有黑刺。

石蛙栖息的洞穴一般为自然石洞或土洞，于繁殖季节时居石洞者较多。洞穴多在溪流岸边靠近水面，或者洞口有一半在水面之下。这些洞口一般不大，较光滑，进出洞时不易擦伤体表。洞深一般为20~25厘米。洞底略低于洞口。

石蛙白天躲藏在山洞或阴湿的岩石缝中，看起来就像一块石头，黄昏以后才出洞活动。在山溪两岸或山坡的草丛中觅食、嬉戏，异常活跃，但其活动范围一般不大。夜深时，便逐渐返回洞穴，天亮后很少在洞外发现其踪迹。白天一般潜伏在洞口，或潜伏在草丛、砂砾和石片空隙间，伺机捕捉附近的食物。一旦遇到水蛇、老鼠等敌害，或是人走近洞口时，石蛙会迅速退到洞内，或沉入水底。石蛙的活动强弱与外界的环境条件有密切的关系，水温水流等变化对其影响尤为明显。石蛙的适宜水温为15~25℃，活动正常；水温过低，活动较少，生长停滞，进行冬眠；水温过高则出现异常，甚至死亡。

在天气闷热的"大暑"期间，雄蛙常常在石头或灌木丛中摊开四肢仰卧着，不声不响。在林中飞着的小鸟会将石蛙白色胸腹上的黑刺误以为是小虫子，便落下来捉食。当小鸟刚一落到石蛙的肚皮，就会被石蛙的四肢给抱住。

　　于是，小鸟就糊里糊涂地成了石蛙的美食。

　　石蛙的大眼对运动着的猎物十分敏锐。当发现猎物时，石蛙就会猛然跳起，甩出带有黏液的舌头把猎物逮住，并迅速卷入口中。

　　石蛙在冬季天气寒冷时就蛰伏起来冬眠，不吃不动，双眼紧闭，对外界没有反应，主要靠体内贮存的养分来进行极为微弱而缓慢的新陈代谢。根据观察，一般在霜降后开始冬眠，惊蛰时节，水温高于12℃时，也有部分石蛙伏在洞口或跳出洞穴活动。冬眠时，石蛙喜栖居于山溪的深水潭内或溪边有泥土的洞穴内，其抗寒性比石洞要好。

　　石蛙卵常产于水流平缓的浅水处，附着在石块、水生植物体上，卵外的胶质膜遇水膨胀变厚，黏性强，相连成索状或葡萄串状，有时长达20厘米左右。卵的直径一般为4毫米，最大可达5毫米。根据水温的不同，蛙卵通常在8~15天后孵化成蝌蚪，蝌蚪喜欢生活在溪水坑内的大石缝内或碎石堆中。蝌蚪在适宜的环境中，一般经50~78天的生长，变态成幼蛙。

　　石蛙有天生的斗蛇本领，是银环蛇的克星。当一条银环蛇鬼鬼祟祟地游近它时，石蛙不但不会害怕，反而会扑过去，用粗壮的前脚箍住银环蛇的脖子，并鼓起前胸的两个肉突，把蛇头下面的一段身子卡住，直到把银环蛇箍得气绝身亡。石蛙还能协同作战呢，如果一只石蛙已经卡住了银环蛇，附近的石蛙见了，都会过来帮忙把银环蛇杀死。

蛙中魔鬼——角蛙

中文名：角蛙

英文名：Ceratophrys

分布区域：阿根廷、乌拉圭大草原地带及巴西

角蛙是一种大型蛙类，体型最大的可达15厘米左右，共有7种。由于它喜欢暗杀猎物，吃掉同类，因此被称为"蛙中魔鬼"。

角蛙栖息环境和分布地点的不同，导致它身体上的斑纹和色彩也各不相同。它具有一些显著的特征。在它头部两侧眼睛上方，有柔软肉质状的角状突起。角蛙的这种突起主要是为了让自己在充满落叶的环境中，模拟成落叶的形状，保护自己不受敌害的侵犯。这两个突起部分就像两只角，这也就是它被称为角蛙的原因。角蛙在捕获猎物时，习惯守候在一个固定的地方等待，因此，人们几乎很少会看见它四处移动或改变姿势。如果看见身形较小的动物经过身边，贪吃的角蛙就会一口吞下它，即使是同类也不例外。但是角蛙对于不会动的食物一点儿都不感兴趣，它会视而不见。

角蛙身体矮胖，好像一只粽子。它的嘴巴很大，全身皮肤布满细上的疣粒，眼睛上方有凸起的三角形肉质小角，身体底色以黄色、黄褐色、鲜绿色居多，上面则散布着不规则的黑褐色、啡红色、淡棕色的斑纹。全身布满大大小小凸出的疣粒。

角蛙相当残暴，它具有极强的攻击性。蟋蟀、蜥蜴等常常遭到充满野性的角蛙的暗杀。角蛙在幼蛙时期就很残暴，同类蛙类的幼蛙常遭到它们的捕食。

角蛙天生一张大嘴巴，连老鼠也能整只吞下。对它们来说，三两口将猎物吞进肚中是轻而易举的事。这种大嘴巴构造可以说就是为了大量进食而演化的，正是所谓的嘴大吃四方。当遇到敌人的时候，它的大嘴巴还能起到威吓敌人的作用。

　　角蛙的视力很好。它的眼球角膜呈凸形，水晶体呈扁圆，并且远离角膜，因此，角蛙可以看到远处的物体，还能发现数米以外飞行的活饵。但是，由于角蛙的蛙眼位于头的上方两侧，两眼眼球间距较大，对近距离内的食饵不能形成双眼视觉，视野重叠范围很小，所以角蛙对近距离的食饵，反应较为迟钝。

　　角蛙栖息于南美温暖而较干燥的大草原地带，对湿度要求很高，至少要85%或以上，它们的适温环境为26~29℃。角蛙利用雨量较为集中的夏季来繁殖，会选择在池底产下200~1000颗宛如一个网球大小的卵块。

　　角蛙是一种两栖类动物。所谓两栖就是角蛙的生活中需要有水域和陆地，角蛙的幼体——蝌蚪必须生活在水中，而成体都需要生活在近水的潮湿环境中。这种生活方式是角蛙在生物进化过程中形成的，角蛙类是由水中生活向陆地生活的进化中形成的过渡型类群。角蛙的幼体生活在水中，但成体适应陆地生活，由鳃呼吸发展到以肺和皮肤呼吸，外形上失去尾，形成了四肢。所谓水陆两栖中的水是指淡水，在海水中它们是不能生存的。因此，干燥、无水、阳光直射的环境是不可能有角蛙生存的。大部分角蛙的活动时间在晚上，白天则隐藏在隐蔽处，以防烈日和敌害。

　　角蛙的体色是一种保护色，通常表现出与环境的颜色相近，不被敌害所发现，从而保护自己。在植物丛中的角蛙以绿色为主，并有斑纹。如林角蛙为绿色，棘胸角蛙为棕色，角蛙在明亮的环境中体色会变浅。

音乐天才——弹琴蛙

中文名：弹琴蛙

英文名：Rana daunchina

别称：仙姑弹琴蛙

分布区域：中国贵州、安徽、浙江、江西、湖南、福建、台湾、广东、广西、海南

在所有蛙类中，弹琴蛙可以算得上较为特殊的一种蛙。它的名字富有诗意，充满音乐的气息，追溯其名字的由来，可以从我国唐代的一个故事说起。

唐代时，峨眉山的和尚广浚非常喜欢弹琴。他的琴弹得非常好，在弹奏时，就连周围树林里的山雀、池塘里的青蛙都停止了鸣叫，静听这悠扬的琴声。

有一天，广浚和尚正在弹琴，忽然看见门外站着一个身穿绿色衣裙的姑娘，在认真聆听他的琴声。于是，广浚和尚就问："你是哪家的姑娘，在此听琴？"那姑娘回答说："我家就在寺旁，我自幼喜欢弹琴。今天，是师父的琴声把我吸引过来的。"广浚和尚听她说会弹琴，就说："姑娘既然喜欢弹琴，那就弹一曲吧！"于是，绿衣姑娘手拨琴弦弹了起来。从此以后，绿衣姑娘经常来听广浚和尚弹琴。

等广浚和尚去世后，绿衣姑娘也不再来寺院了。但是每当黄昏到来的时候，庙里的和尚仍然会听到有琴声传来，他们都觉得很奇怪。有一次，当悠

扬的琴声又起的时候，和尚们就悄悄地跑到听琴台去看个究竟。然而除了看见一群青蛙在鸣叫外，没有看见什么人。这时，大家才意识到，绿衣姑娘就是青蛙变的。它从广浚和尚那里学会了弹琴，后来人们就给这种青蛙取名为"弹琴蛙"。

每逢盛夏，弹琴蛙就在草滩水草间，用泥巴建成一个小罐子，上边开一个圆形小洞，钻在里边鸣叫，发出如鼓如瑟、音调十分悦耳的鸣声，这便是弹琴蛙自己制作的"共鸣箱"。

当它离开共鸣箱后，鸣声就不一样了。如果有一只蛙声音很大地鸣叫一声，周围几十只蛙便一齐跟着叫起来。过一会儿，又有一只大叫一声，群蛙共鸣立即戛然而止。如此重复不断，就像乐队按指挥的手势在演奏有节奏的歌曲一样。

弹琴蛙个子不大，体长平均45毫米（雄蛙）及47毫米（雌蛙）。头部扁平，体较肥硕；吻棱明显；鼓膜大；犁骨齿两短斜行；舌后端缺刻深。指细长而略扁，指端略膨大成吸盘，有马蹄形横沟，关节下瘤大而明显；有指基下瘤；后肢较肥硕，胫跗关节前达鼻孔或吻端；趾细长；趾间半蹼，第一及第五指游离侧缘膜显著；外侧蹠间具蹼；内蹠突大而窄长，外蹠突小而圆。

弹琴蛙的皮肤光滑，背侧褶显著，自眼后直达胯部，后段不连续，间距宽；背部后端有少许扁平疣；背后部、体侧及四肢背面有小白疣，在股胫部排列成纵行；内跗褶显著。腹面光滑，肛周围有扁平疣。

弹琴蛙主要栖息于海拔1800米以下的山区梯田、沼泽水草地、静水水塘及其附近地方。白天隐匿于石缝里，夜间出外摄食。有的守在洞口不停地鸣叫，有的在岸边草丛或水生植物上，鸣声低沉，有时汇成一片，一个石缝里常只有一只蛙叫。鸣叫时，整个咽喉部鼓胀。

4~5月时可采到浮于水面而成片的弹琴蛙的卵。它们也会做成浅泥窝，产下的卵在窝内铺成单层。由于弹琴蛙多生活于农作区及其附近，对消灭农田害虫具有重要作用。

诡异多变——昭觉林蛙

中文名：昭觉林蛙

英文名：Chaochiao Forest Frog

分布区域：中国四川、贵州、云南、陕西

昭觉林蛙栖息于海拔 1150~3340 米的山岭地带近水域等地。体型中等大小，雄蛙的体长为 56 毫米左右，雌蛙则为 59 毫米左右。蝌蚪体全长在 52 毫米左右，头体长为 18 毫米左右，尾长约 34 毫米，后肢芽 18 毫米。每年的 3~8 月是它们的繁殖季节，卵径 1.7~1.9 毫米。

昭觉林蛙为无尾目蛙科的两栖动物。头长略大于头宽；吻端尖圆，吻棱明显；皮肤平滑，极少数背部和体侧有或长或圆的疣粒。

在生活中，它们身体的颜色会有变异，背面一般是黄棕色、棕色或深棕色，偶尔布满一些橘红小点；两侧褶间有不规则斑纹；两眼间有横纹；体侧为蓝灰色，疣粒上布满黑色不规则的小斑点；腹面为乳白色或乳黄色，靠近胯部的地方为橘红或橘黄色。

昭觉林蛙常栖息在山涧沟谷、农田、积水塘周边，昆明周边的未被大幅度破坏的林区中也有分布。林蛙类不像泽蛙，它们受水域限制很小，只要空气湿度够，在无水的林区也有分布，在夏季（昆明的雨季）常聚集于降雨形成的临时积水潭周边活动，受惊则跃入水中，交配活动白天夜晚均有。产出的卵为卵团，而非蟾蜍类的卵带。受精后中心变黑，之后发育为蝌蚪。蝌蚪为棕褐色，有杂色斑点。少游动，多伏于水底，杂食性。

　　成蛙则以各类节肢和软体动物为食。值得一提的是它们会根据身体状态和环境光线的强弱改变体色，故体色差异较大。

　　如果要饲养林蛙的话，需要比角蛙、蟾蜍更大的饲养空间，因为它们习性胆小，一受惊就会疯狂跳跃，环境小很容易造成撞伤和拒食。林蛙在夜间活动活跃，捕食也大多在夜间。多以蛞蝓、蟑螂和蜘蛛为食，白天多躲藏于植物中，夜间则常在水池中。

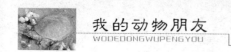

胆小如鼠——无指盘臭蛙

中文名：无指盘臭蛙
英文名：No Digital-disced Odorous Frog
分布区域：中国四川、贵州、云南

无指盘臭蛙产于我国的昆明，属于特有物种，为蛙科蛙属的两栖动物，常生活在山溪内植物茂盛以及阴暗潮湿处。

云南海拔720~3200米的小溪，或溪旁的草丛里，都是无指盘臭蛙的栖息地。白天，无指盘臭蛙躲藏在石头缝或者草丛中，有的待在小溪的岸边。如果受到惊吓，它们马上就会回到水中或者躲藏在洞穴之中。无指盘臭蛙的幼体蝌蚪一般栖息在山溪水流较缓处或石块下。

和其他蛙类相比，无指盘臭蛙体型较大。雌雄无指盘臭蛙在体型大小上有显著差异，雄性无指盘臭蛙体长7厘米左右，雌性可达10厘米以上。无指盘臭蛙的皮肤可分泌难闻的黏液。无指盘臭蛙的头顶扁平，头的长宽几乎相等；鼻子和眼睛相距很远，鼻孔在吻眼之间或近眼。它的鼓膜较大；前肢很粗壮，前臂和手不及头体的一半；身体背面皮肤很光滑，有凹凸不平的成网状细颗粒，有的是扁平疣粒，在无指盘臭蛙身体的其他部位，如头侧、体侧等，分布有疣粒；雄蛙的疣上有很多小白刺；雌蛙的刺比较少，非常光滑。无指盘臭蛙的身体颜色会随着环境的变化而变化，常见的为浅棕色，背面有暗绿色网状斑纹，或"之"字形花斑。它的腹面呈浅黄、灰黄或灰褐色；四肢腹面有灰褐色斑。

　　无指盘臭蛙一般把卵产在静水塘内，卵黏在水塘的壁上成块状，被胶囊包裹着，雌雄蛙则在卵堆附近活动。卵被孵化成蝌蚪后，这些蝌蚪就会爬到照料它们的亲代背上，而亲代会把它们带到河流或溪水中，或有凤梨科植物、果壳、圆木中的水洼中。

蛙中美人——树蛙

中文名：树蛙

分布区域：主要分布在亚洲、非洲的热带和亚热带地区

树蛙体型小巧玲珑，体色十分鲜艳，看上去招人喜爱。树蛙一生的大部分时间都是在树上度过的。它们的皮肤十分光滑，腿部细长，脚趾很长而且很大，趾间连着宽宽的蹼膜，趾端上具有吸盘，因此它们可以利用这种吸盘的吸附作用，在树干上轻巧地上下爬行，而不会坠落到地面上。它们的趾垫上长有一种黏性物质，使它们可以粘在一片垂直的树叶上，甚至可以沿一块垂直放置的玻璃向上爬。树蛙分布在亚洲和非洲热带、亚热带地区，在马达加斯加岛上也能见到。

白天，树蛙是很安静的，一般都会贴在树皮上睡大觉，养足精神。但是到了晚上，它们就会热情高涨，纷纷起来捕食它们周围的蚊子和苍蝇，喝它们生活地周围的水蒸气。树蛙一般生活在山里有岩石、植被和水流的地方；疏松的岩石底部、岩石旁边、靠近水流边，树蛙在这里蔽荫和沐浴太阳。

树蛙可以根据身边的环境变化来改变身体的颜色。春夏季节，树蛙的体色是鲜嫩翠绿的，与周围的树木浑为一体。而秋季来临，它们就会逐渐变为和树干、枯枝、落叶一样的黄褐色。这就是树蛙在长期的进化过程中，为了生存而演变成的自我保护本领。

树蛙是体外受精的。雌蛙在产卵的时候，首先从排泄孔里分泌出一些黏液，然后，每产一个卵就会不停地用后足进行搅拌，直到产生许多泡沫，稍

做休息再产一个卵，就这样继续下去，直到生产完毕，就形成了一个有趣的泡沫巢。而雄蛙的责任就是让泡沫中的这些卵受精。一般卵块都会粘附在突出于水面的树枝上，这样不仅可以防止巢的干燥，而且还可以保证卵宝宝们的安全和舒适，慢慢变成蝌蚪。如果这些巢建立在干燥无水的地区，蛙妈妈就会不停地跳下池塘，用皮肤吸收水分，再回到巢边，把巢打湿，使其保持湿度。

　　欧洲绿色树蛙是最为著名的种类。其背部皮肤平滑，有光泽，通常为草绿色，但可迅速地变成黄色、褐色、橄榄色或黑色，某些个体可变成蓝色。体长5厘米。

　　灰色树蛙产于美国东部和中部。皮肤粗糙，体长约3~6厘米；颜色可由苍白色变成灰色、褐色或绿色；身上的斑纹颇似其所栖息的覆盖地衣的树皮。常出现于水中或水域附近的树上或灌木上，鸣声嘹亮。

　　太平洋树蛙为太平洋沿海地区的常见种类。体长3~5厘米；体色各异，眼睛上都有黑斑；能适应各种栖息地，从荒漠的泉源到雨林皆有分布。

树蛙巨人——白氏树蛙

中文名：白氏树蛙

英文名：White's Treefrog

别称：老爷树蛙、绿雨滨蛙、巨人树蛙

分布区域：澳大利亚、新几内亚岛

在温暖潮湿的热带地区，澳大利亚东部和北部及新几内亚岛的南部，产有大量的白氏树蛙。在澳大利亚东部稍冷的地区和南部的维多利亚州，也可以发现白氏树蛙的踪迹。但是由于澳大利亚南部气候非常寒冷，白氏树蛙无法顺利越过冬季。新几内亚岛南部地区非常干燥，白氏树蛙从伊里安岛到莫尔兹比港都有大量分布，尤其是达鲁岛，分布更广。在新几内亚岛的北部，也曾有发现白氏树蛙的记录，但是一般人认为，那是人为引进的结果。

在美国和新西兰，也有被引进的白氏树蛙。白氏树蛙在美国的佛罗里达州分布的数量较少，可能是因为引进时是源于宠物贸易的缘故。在新西兰，曾经生活着数量繁多的白氏树蛙，但是自20世纪50年代以来，人们再也没有发现那里有白氏树蛙。

白氏树蛙的身体很长，可以达到10厘米。其腹部为白色，因所处环境温度的不同，其背部肤色呈现出棕色、绿色等不同颜色。有少量的白氏树蛙背部会分布着一些白色小斑点，这些小斑点直径一般不超过5毫米。随着年龄的不断增长，白氏树蛙的数量会不断增加。白氏树蛙的脚趾末端长有直径为5毫米的吸盘，有极强的吸附能力，可以提高其攀爬速度。即使是在光滑的竖向

玻璃面上，白氏树蛙都可以自由行走。白氏树蛙的脚趾有蹼连接，前脚趾为1/3，后脚趾为3/4。白氏树蛙的金色眼睛长有水平虹膜，这是它特有的。

作为典型的两栖动物，白氏树蛙也有自己的生活习性。它的幼体小蝌蚪刚孵化出来时体长有8.1毫米，全身皮肤呈现棕色，带有杂色斑点，在不断的成长过程中，它的下腹颜色慢慢变浅，最后变成白色，这表示白氏树蛙已经成熟了。蝌蚪发育到最大时身体可以长达44毫米。2岁时，白氏树蛙可以达到性成熟，排出的卵为棕色，在一层透明的卵膜内包裹着，直径为1.1~1.4毫米。

虽然白氏树蛙是两栖动物，长有肺，但它的呼吸全部是通过皮肤完成的。只有它的皮肤保持湿润，它才能保证顺畅的呼吸。然而白氏树蛙湿润的皮肤容易滋生细菌，从而遭受病原体的侵害。为了避免这种情况的发生，白氏树蛙的皮肤会分泌出一种抗菌肽，里面含有许多缩氨酸，它包含有抗菌和抗病毒成分，还包含有另一种类似胆囊收缩素的物质，它可以帮助消化和抗饥饿。白氏树蛙皮肤分泌出的部分缩氨酸会破坏艾滋病病原体，但是不会对人体的细胞有伤害。

白氏树蛙性情比较温顺。白天，它会躲在潮湿的地方休息；夜里，它才出来活动。在每年的春季和夏季，每到傍晚，白氏树蛙都会鸣叫，进行捕食。在漫长的冬季，白氏树蛙很少出来活动。

白氏树蛙的适应性很强，可以生活在不同的环境中。人们经常可以看到湖边的树荫里，有白氏树蛙的踪迹。如果是在寒冷的季节，白氏树蛙则会在长满芦苇的沼泽中生活。在有水源的室内环境中，如下水道或厕所里，白氏树蛙也可以生活。另外，有较高湿度和温度的下水管、水池、水槽等地方，也有白氏树蛙的身影。到了交配季节，在下水管和小型的水容器中，就会聚集一些白氏树蛙，因为这些物体能使它们的叫声放大。

白氏树蛙喜欢鸣叫。它的鸣叫低沉缓慢，具有重复性。每年的大部分时节，它们都会在树顶或屋顶的水槽等较高的地方鸣叫。如果是在交配季节，树蛙就会来到地面，在水边附近高声鸣叫。其叫声和许多蛙类一样，可以吸引异性。但在非交配季节，白氏树蛙的叫声就会暴露自己的位置，尤其是在雨后，许多树蛙会同时鸣叫。虽然人们还没有弄清其中的原因，但是白氏树蛙鸣叫的声音很大，经常会吸引天敌的到来。

白氏树蛙主要以昆虫和蜘蛛为食，但一些小青蛙和其他一些小型的哺乳

动物，也是白氏树蛙的食物。这是因为白氏树蛙的牙齿不能够切断食物，所以它必须选择足够小的动物为食。许多青蛙都是依靠舌头进行捕食，白氏树蛙捕获小的猎物时，靠的也是这种方法。在捕获一些较大的猎物时，白氏树蛙主要靠突袭，它会用前爪把猎物填入嘴中。

在澳大利亚本土，白氏树蛙有很多天敌，包括蛇、蜥蜴和鸟等动物。欧洲人登上澳洲大陆后，引进了一些外来的天敌，如狗和猫等。白氏树蛙的寿命很长。人工饲养平均寿命为16年，少数白氏树蛙的寿命甚至能超过20年，这在蛙类中是极为少见的。但在野生环境中，由于白氏树蛙受到天敌的威胁，其平均寿命要略为低一些。

在所有的蛙类中，白氏树蛙是受人欢迎的一种宠物。它性格温顺，外貌可爱，寿命很长，很多宠物饲养者都喜爱它。此外，由于白氏树蛙的饮食范围较广，抗病能力也很强，可以进行人工饲养，但人工饲养的白氏树蛙经常会饮食过量。如果是在野外，白氏树蛙在捕获猎物或逃避敌害时，会消耗很多体力，但是在人工饲养环境中，白氏树蛙的活动空间有限，被直接喂养，这样，就没有了捕食的压力，其体重就会不断增加，造成脂肪大量堆积，从而导致过度肥胖。

小巧玲珑——华西雨蛙

中文名：华西雨蛙

英文名：Western Chinese Tree Toad

别称：上树怀、竹王、桑王、雨蛙

分布区域：中国云南、四川、贵州、广西

华西雨蛙属于一种小型的蛙类，雄蛙的体长2.8~3.6厘米，雌性体长3.5~4厘米。生活在海拔750~2470米的静水水域，或稻田附近的草丛，甚至树叶上。白天隐避在树洞或草丛中，夜晚大批外出活动，有时百蛙齐鸣。

华西雨蛙的头较宽，吻棱明显，鼻孔近吻端；眼间距大于鼻间距或上眼

睑之宽；鼓膜很圆，舌较圆而厚；后端微有缺刻，犁骨齿两小团。前肢细长，指端有吸盘及横沟。趾端形态同指。背面皮肤光滑，腹面遍布扁平疣。

每年的5~6月是华西雨蛙的繁殖季节。在这个时期，我们可以见到雌雄抱对。差不多在雨季来临时，它们的繁殖达到最佳状态。卵产于离水源较近的地方，比如水塘、水田、水池之中。选择冬眠的场所一般是在水域或泥土穴内。

生活中的华西雨蛙，背部的颜色一般为绿色或者暗绿色，并有紫灰色略带金黄的线纹贯穿全身，体侧、股侧后方及胫跗内侧有极为醒目的黑色斑点；胯部线为橘黄色；腕、掌、指、胫、足各部的外侧均为金黄色或紫灰色；腹面为乳白色；雄性咽部灰黑，雌蛙是金黄色，头侧线纹为棕色；手足等部分为浅棕灰色，前臂及胫外侧有白色纹线。

娇小可爱——雨蛙

中文名：雨蛙

英文名：hyla tree toad

分布区域：欧洲、亚洲、非洲都有分布

　　雨蛙的种类在欧洲、亚洲、北非古北界较少，在美洲最多，而亚洲的许多热带地区没有雨蛙。在中国，有9种雨蛙，除了山东、山西、宁夏、新疆、青海、西藏之外，在其他各省（区）都有所分布。雨蛙肩带弧胸型，椎体前凹型。雨蛙指、趾末端多膨大成吸盘，末两骨节间有一间介软骨，这使它非常适合树栖。

　　生活在中国的雨蛙个头较小。背面的皮肤很光滑，呈绿色。这些雨蛙大多生活在灌丛、芦苇、高秆作物上。在塘边、稻田及其附近的杂草上，人们也能发现雨蛙的踪迹。雨蛙在白天会趴在叶片上，黄昏或黎明时，就会频繁活动。雨蛙以蜻象、金龟子、叶甲虫、象鼻虫、蚁类等昆虫为食。产于我国海南省和广西、广东省的华南雨蛙，是大个体雨蛙的近亲种，它们常栖息在水域附近的草丛里、甘蔗地或竹林里。

　　雨蛙的鸣叫很有特色。每次鸣叫时，常是有一只雨蛙先叫几声，众蛙纷纷亮嗓，蛙声齐鸣，声音特别响亮。尤其是在雨后，雨蛙的这种鸣叫现象更为明显。每年的3月下旬或4月初，雨蛙就会出来活动。4~6月，雨蛙就开始在静水域内产卵，卵径可以达到1~1.5毫米，一团卵有数十粒或数百粒，附着在水草上。雨蛙的蝌蚪有高而薄的尾鳍，自体背中部开始为上尾鳍。这些蝌

蚪在5月下旬就会完成变态，成为真正的雨蛙。9~10月，雨蛙开始进入冬眠期。

中南美洲的雨蛙与中国的雨蛙不同，无论是形态、生态还是产卵习性，都呈现出多样化。雨蛙头部的皮肤骨质化，以抗御干旱；雨蛙把卵产在叶腋处，有的产在树叶上，卵泡被叶片包裹着，还有的雨蛙在池内筑好泥窝后才开始产卵；在繁殖季节，雌蛙的背面皮肤就会成为"育儿"场所，有的褶叠成"囊袋"状（如囊蛙），后端留孔，卵可以在袋内生长发育，有的隆成浅碟状（如碟背蛙），用来盛卵，也有的卵完全裸露贴在雨蛙的背上。雨蛙排卵的数量和卵的孵化及蝌蚪的形态和生态，因为种类不同而有一定的差别。有的小蝌蚪在孵出时就已经完成了变态。

大部分雨蛙蝌蚪都有成列的角质齿，用以刮食藻类，啃食水中的蚯蚓、甲虫等小动物尸体。少数雨蛙蝌蚪没有角质齿，如小雨蛙、黑蒙西氏小雨蛙，它们主要吃水中的浮游生物。而艾氏树蛙蝌蚪则不像雨蛙，它们是卵食性，它们主要食用母蛙产下的卵。如果食物不够，大蝌蚪就会吃掉小蝌蚪，出现自相残杀的现象。

雨蛙科的成员生活方式多种多样。除了树栖外，在美洲和大洋洲，有的雨蛙科成员过着穴居和陆地生活，但是几乎没有完全水栖的雨蛙科成员。许多雨蛙科成员有特殊的保护色，这使得它们与环境混为一体，不容易被敌人捉住。最为奇特的是美洲的红眼蛙，它色彩鲜艳，静止不动时身上呈现绿色，不易被发现，只有在行动时，它们才会显露出鲜艳的颜色，这足以迷惑敌人。

雨蛙对环保型农业有很大的帮助，可以防治水田病虫害。由于雨蛙对吃进的食物不经过消化就进行排泄，所以雨蛙的食量特别大，可以吃掉许多害虫。利用雨蛙极强的捕食能力，可以达到除虫的根本目的，建设真正的环保农业。

别具一格——巴拿马金蛙

中文名：巴拿马金蛙

英文名：Panamanian Golden Frog

别称：泽氏斑蟾

分布区域：除了澳大利亚，世界上其他地方都有分布

在动物界中，形态各异的动物很多，而各种不同的动物也有着不同的本领和习性。巴拿马金蛙是一种长相漂亮的两栖动物，它们身躯苗条，四肢修长，内侧及外侧手指或脚趾特别短。皮肤光滑，体色呈鲜艳的黄色或橘色，有明显的黑色斑点，具有警告的作用。它们华丽的外表下还隐藏着一种特殊的本领，那就是靠手语来进行交流。现在，巴拿马金蛙已被列为世界一级濒危两栖动物。

巴拿马金蛙的长相看上去很像青蛙，但其实它们是一种蟾蜍，是一种濒危物种。它们栖息在巴拿马中部山区的热带雨林中，尤其在山区及近河流地区。据说，湍急的水流让巴拿马金蛙的生活领地特别嘈杂，影响了它们之间靠叫声交流的传统方式。于是，它们进化出了这种靠"手语"交流的特殊本领。它们依靠"手语"表达不同的意思，彼此打招呼或者向异性求爱，有时甚至用此种方法来恐吓敌人。

英国广播公司2008年2月曾在巴拿马拍摄野外纪录片《致野生金蛙的最后挥别》时，拍下了野生金蛙挥"手"向同伴打招呼的瞬间，成为一份珍贵的影像资料。

如今，巴拿马金蛙的生存状况令人堪忧。目前，在全世界范围内仅存200~500只。巴拿马金蛙在野外已难觅踪迹，而且情况正在进一步恶化，巴拿马金蛙严重濒危。

据生物学家介绍，巴拿马金蛙数量下降的原因是由于失去栖息地、水污染和气候变化等。随着人类活动范围的扩大和经济发展而导致的水污染，以及全球气候变暖等环境的改变，巴拿马金蛙逐渐不适应这样的变化。另外，一种名为壶菌病的两栖动物传染病，更是给野生金蛙带来灭顶之灾。据说，感染这种病的两栖动物可在2~3个月内死亡。全世界约30％的两栖动物受到壶菌病的影响，目前在野外并无有效控制方法。

巴拿马金蛙被认为是巴拿马的"国宝"，为了使其摆脱灭绝的命运，目前，人们已开始着手对其进行保护。巴拿马埃尔尼斯佩罗的动物保护中心，在育出的68种蟾蜍中，就有29只是巴拿马"国宝"——金蛙。

跳跃能手——哈士蟆

中文名：哈士蟆

英文名：Rana temporaria chensinensis

别称：黄蛤蟆、田鸡

分布区域：中国东北的长白山、松花江

哈士蟆是林蛙的一种。它们生活在潮湿的山坡林地里。

哈士蟆的外形像青蛙，头的长宽相等，呈扁平状，吻较钝，鼓膜黑色，腿较长，乳白色的肚皮上分布有红色的斑点，两眼前后各有一块三角形的黑斑，四周还点缀着清晰的黄纹，从肩部到臀部的背侧有两条褐纹。它们的皮肤颜色能够随着季节的变化而改变，夏季是姜黄色的，秋季则会变成褐色。

哈士蟆的后腿既比前腿长，又比前腿有力，在陆地上栖息时，后腿总是缩成"Z"字形。一旦有昆虫飞过或遇到敌害，它们能立即纵身跃起，将昆虫抓住或远离敌害。它们跃起时能跳1米多远，同时，哈士蟆也凭借自己出众的跳跃能力而能有效避敌。所以，哈士蟆有"跳跃能手"的美称。

蛤士蟆一年有两个生活周期，即水中生活和陆地生活。从9月下旬到翌年4月中旬，蛤士蟆要经历为时150~180天的水中生活。在这段时间，它们会进入较深的水域冬眠，以度过寒冷漫长的冬季，此时的蛤士蟆大多群集在水下穴洞中，只吃少量的食物，新陈代谢异常缓慢；春季冰雪融化，气温升高，水温变暖时，蛤士蟆就开始陆续上岸。此时，雌雄蛙体生殖腺都已成熟，便会在温暖的浅水池沼、田水中"抱对"和产卵，排精，受精，最后形成受精卵。蛤士蟆生殖完后，就进入陆地山林的草丛或灌丛中，开始陆地生活。随着气

温的升高，蛤士蟆就由低地迁向高地，由阳坡迁到向明坡。这时，食物丰盛，蛤士蟆长得很肥，幼蛙也迅速生长发育。9月中旬，气温开始降到15℃以下，此时，蛤士蟆就开始向山下迁移，它们陆续到达越冬水域周围。当气温下降到10℃时，蛤士蟆就从陆地重新转入水中生活。在水中，蛤士蟆蝌蚪用鳃呼吸，此时，蛤士蟆处于植物性食性期，以植物碎屑、藻类、植物嫩芽、嫩叶等为食。蛤士蟆的舌头结构特殊，能够放舌捕捉各种小型飞虫。

　　哈士蟆每次产卵最多可达5000余枚，它们的卵连成一片，漂浮在水面或半沉在水草丛中。蝌蚪进入变态期时，摄食很少，不活动，多潜伏在水池边缘浅水内，经过体内剧烈的器官改造，尾部吸收，长出四肢。这时的蝌蚪代谢率很低，抵抗力很差，极易死亡，水质污染、敌害侵袭会造成大量死亡。约7天左右，即可转变成幼蛙，进入陆地生活。3个月后，当小哈士蟆长成成体，就会像它们的父母一样，成群结队地跳跃着向距水较远的阴湿山坡进发，在那里捕捉昆虫，继续生活。

身负异能——铲足蟾

中文名：铲足蟾

英文名：Spadefoot Toad

别称：锄足蟾

分布区域：欧洲、南亚、非洲西北部和北美

　　铲足蟾后足有锐利、黑色、铲形的凸出物，可以用来挖土。皮肤粗糙。瞳孔垂直。荐椎横突特别宽而长大，荐椎前几枚躯椎大多细弱并向前倾斜成锐角，荐椎与尾杆骨愈合或仅有单一骨髁。舌器不具前角或呈游离状；舌喉器的环状软骨在背侧不相连。卵和蝌蚪在水域存活，蝌蚪为左出水孔型。口部形态除角蟾和拟角蟾二属呈漏斗式外，其余属种口周有唇乳突。上下唇最外排唇齿都是一短行，左右唇齿2~8行不等，角质颌强，适于刮取藻类，甚至能咬食小蝌蚪。

　　铲足蟾一般只生活在欧洲和亚洲西部的干旱沙壤地区，它可以用长在每一个后肢上的角质化的节（铲）来挖掘。成体只在夜间活动，白天以及长期干旱时期，它们都藏在深洞里，在那里它们不用担心水分会大量散失。在夏季温暖潮湿的晚上，它们钻出洞来捕食，几乎所有种类的陆栖节肢动物都是它们捕食的对象。在非繁殖季节，成蛙不经常活动，而是蹲坐着等待猎物送上门来。东方铲足蟾的活动范围据估计不超过9平方千米。

　　铲足蟾的繁殖活动发生在春天，在几个温暖的日子过后，伴随着第一场大雨的开始，偶尔会大规模地出现。在两天的时间内，雌性便完成产卵且都

消失了。当许多雄性聚集在一起发出叫声时，这种大而刺耳的声音在2000米外的地方都能听得到。有时候雄性会和雌性打斗，雌性在打斗中可能会被雄性后肢上尖利的铲弄伤。卵被产于暂时形成的水塘中，孵化过程在几天内就能完成。北美铲足蟾的蝌蚪在1~3周内完成它们的生长发育过程，但是欧洲铲足蟾的蝌蚪发育则需要更多的时间，有时也许需要整个冬季。蝌蚪通常以大规模聚集的形式四处游动，并且以悬浮的有机物为食。一些居住在沙漠中的铲足蟾蝌蚪长出了和以浮游生物为食的同类蝌蚪不同的颚和牙齿，并会变成同类相食的物种。这些蝌蚪能长得更大，一般会达到10厘米。因为一个水塘中有两种不同类型的蝌蚪，所以沙漠铲足蟾要做好面对不同危险的准备。如果下了更多的雨，以浮游生物为生的蝌蚪就会茁壮成长；如果雨水不充裕，同类相食的物种就会捕食束手无策的食草动物。

第三章

源远流长——有鳞目

　　有鳞目是现代爬行动物中最为兴盛的一个类群，分布遍及世界各地，形态多样，体表满被角质鳞片，一般无骨板，身体多为长形。前后肢发达或退化。有鳞目在全世界约有5500种，我国约有290种。其一直被广泛应用于生态学、生物地理学及探讨物种进化的研究。

千变万化——变色龙

中文名：变色龙

英文名：chameleon

别称：避役

分布区域：马达加斯加岛、撒哈拉以南的非洲

变色龙经常栖息在树上，以捕食昆虫为主。变色龙体长多在17~25厘米，最长者可达60厘米。眼凸出，两眼均可独立地转动。每2~3趾并合为两组对趾。舌细长，可伸出口外。身体两侧扁平，鳞呈颗粒状。四肢较长，尾部善于缠绕树枝。

有的种类的变色龙头呈盔形，有些有显目的头饰，如长有3个向前方伸出的长角等，雄性变色龙更为显著，可能是为了用于防卫其领地。如果遇到别的雄性变色龙侵入，处于优势的变色龙就会伸展身体，鼓起喉部，立起或晃动头部毛饰。如果这样吓不走对方，它就会冲过去咬其腭部。变色龙种类不同，体色变化也就不同。变色龙有一定的变色机制，其植物神经系统可以扩散或集中含有色素颗粒的细胞（黑素细胞）。变色龙能变成绿色、黄色、米色或深棕色，常带浅色或深色斑点。在不同环境下，如光线、温度以及情绪（惊吓、胜利和失败）发生变化时，变色龙的颜色变化就不相同。人们普遍认为，变色龙变色是为了保持与周围环境颜色相协调，这其实是一种误解。

变色龙主要以昆虫为食，大型种类亦食鸟类。其大多数种类为卵生，雌变色龙每次产卵2~40枚，卵埋在土里或腐烂的木头里，孵化期约3个月。

变色龙是一种"善变"的树栖爬行类动物。在自然界中，它是当之无愧

的"伪装高手"。为了迷惑敌人，保护自己，它时常改变体表的颜色，或绿或黄，或浓或淡，变幻莫测。假如变色龙生活在枝叶繁茂的绿树丛中，那么它的体表会变成绿色；假如变色龙栖息在枯黄的树干中间，那么它的体表就会变得暗黄，与粗糙的树皮颜色相差无几。这种爬行动物常在人们不经意间改变身体颜色，然后一动不动地将自己融入周围的环境之中。

变色龙的变色现象与其他生物的保护色、警戒色相似。变色龙的皮肤会随着背景、温度的变化和心情而改变；雄性变色龙会将暗黑的保护色变成明亮的颜色，以警告其他变色龙离开自己的领地；有些变色龙还会将平静时的绿色变成红色来威吓敌人。目的是为了保护自己，免遭袭击，使自己生存下来。

经科学家认真研究，终于发现了变色龙变色的奥秘，原来变色龙皮肤的三层色素细胞可以导致其颜色的改变。与其他爬行类动物不同的是，变色龙皮肤表层内有色素细胞，在这些色素细胞中有颜色各异的色素，这可以很快改变变色龙的颜色。关于变色龙的"变色原理"，纽约康奈尔大学生物系的安德森进行了详细全面的解释：变色龙皮肤的三层色素细胞，最深的一层由载黑素细胞构成，这些细胞带有的黑色素可与上一层细胞融合在一起；鸟嘌呤细胞

构成了中间层，它的主要功能是调控暗蓝色素；最外层细胞是黄色素和红色素。安德森说："根据神经学调控机制，在神经的刺激下，色素细胞会使色素在各层之间交融变换，从而使变色龙的身体颜色发生多种变化。"在不同的环境中，变色龙的神经中枢会根据环境颜色向其色素细胞发出命令，让它改变变色龙体表的颜色，与环境颜色保持一致。

变色龙是弱小的动物，缺乏自卫能力，如果让敌害盯住，就很难活命了，所以为了生存，在长期的生活中它练就了一身变色本领，以便蒙骗敌人的眼睛！

但自我保护只是促使变色龙变色的原因之一。依据动物专家的最新发现，变色龙变换体色不仅仅是为了伪装，其另一个重要作用是能够实现变色龙之间的信息传递，便于和同伴沟通，相当于人类语言一样。

变色龙还有一处比其他动物高明的地方，那就是它的一双与众不同的眼睛。它的左右两眼能够各自独立运动，一只眼睛向上看的同时，另一只眼睛却能向前看或者向下、向后看。即使身体不动，它对周围情况也能一览无余，了如指掌。

飞檐走壁——壁虎

中文名：壁虎
英文名：Wall lizard
别称：守宫、爬壁虎、爬墙虎、蝎虎、天龙
分布区域：全球温暖地带

壁虎身体扁平，四肢短，趾上有吸盘，能在壁上爬行。属蜥蜴目的一种，体背腹扁平，身上排列着粒鳞或杂有疣鳞。指、趾端扩展，其下方形成吸盘状趾垫，密布腺毛，有粘附能力，足趾长而平，趾上肉垫覆有小盘；盘上依序被有微小的毛状突起，末端叉状。这些肉眼看不到的钩可黏附于不规则小平面，使壁虎能攀爬极其平滑与垂直的面，甚至越过光滑的天花板。有些种类还具有可伸缩的爪。多数壁虎像蛇一样，可在墙壁、天花板或光滑的平面上迅速爬行。

壁虎的眼上有透明的保护膜。普通的夜行性种类一般瞳孔纵置，并常分成数叶，收缩时会形成4个小孔。尾或长尖或短钝，甚至有的呈球形。有些种类的夜行壁虎的尾巴可贮藏养分，就像一个仓库，以便在不适宜的条件下也能获取足够的养分。这种壁虎的尾部可能非常脆，如果断掉会立刻再长出来。壁虎的体表通常为暗黄灰色，带灰、褐、浊白斑，但产于马达加斯加岛的日行壁虎属，体表却呈现鲜绿色型，能够在白天活动。与其他爬虫类动物不同，壁虎多具声音，叫声有微弱的滴答声、唧唧声、尖锐的咯咯声、犬吠声。各种不同种类的壁虎，叫声也不相同。壁虎多数为卵生，卵常产在树皮

下或附于叶背，白色，壳硬。在新西兰，有几种壁虎为卵胎生。

如果壁虎遭遇敌人攻击，它的肌肉就会剧烈收缩，尾巴就会自行断落。由于刚断落的尾巴神经还没有死去，尾巴会不停地动弹，这样可以吸引敌人的注意力，从而让自己能够安全逃脱。壁虎身体里有一种激素，这种激素可以促使尾巴再生。一旦壁虎的尾巴断掉，它就会分泌出这种激素使尾巴长出来，尾巴长好后，激素就会停止分泌。

壁虎以蚊、蝇、飞蛾等昆虫为食，夜间活动。夏秋的晚上常出没于有灯光照射的墙壁、天花板、屋檐下或电杆上，白天潜伏于壁缝、瓦角下、橱柜背后等隐蔽处，并在这些隐蔽地方产卵。壁虎每次产2枚卵，卵白色，圆形，壳易破碎。壁虎的孵化期大约是1个月。

蜥中巨人——巨蜥

中文名: 巨蜥

英文名: monitor lizard

别称: 五爪金龙、四脚蛇、鳞虫

分布区域: 中国的广东、广西、云南、海南，马来西亚、缅甸、澳大利亚

巨蜥是所有现存蜥蜴中体型最大的一种，其中印度尼西亚的科摩多巨蜥身体总长度达3.13米。由于在巨蜥生活的东部地区缺乏大型肉食动物，巨蜥在一定程度上成为当地肉食动物的霸主。大多数大型巨蜥是肉食动物，它们吃小型哺乳动物、鸟、蛋、蜥蜴、蛇、鱼和蟹。

巨蜥是鳄鱼卵的主要食客。体型较大的会埋伏捕食。像蛇一样，巨蜥会从猎物头部开始将其整个吞下。对于一些体型较小的巨蜥来说，昆虫是一种非常重要的食物。巨蜥还会吞食各种动物的腐肉。有一些种类的牙齿已经演变成适合碾碎蜗牛壳的类型。菲律宾灰巨蜥的幼蜥主要吃蜗牛和螃蟹，但成年后却转向以果实为食。尽管成年巨蜥仍然会吃无脊椎动物，但它们的消化道更适合消化植物。

大多数巨蜥的体型都一致，它们的身体很长，四肢发育良好，所有的趾上都生有强有力的爪子，脖子很长，尾部强壮并呈略微或高度扁平状。大部分巨蜥陆栖，生活在沙漠里、稀树草原上或者森林中，但有些小型种类，包括新几内亚的翠绿巨蜥，却是敏捷的攀爬者，甚至科摩多巨蜥也在树上度过它们的大部分幼年时光。

巨蜥常见的防卫措施包括剧烈摆动有力的尾巴、爪子，颈部膨胀，身体压扁至最大尺寸，并发出嘶嘶声。在面临危险的情况下，砂巨蜥能依靠自己的后腿站立，这种姿势能让它更好地观察四周的环境，并寻找配偶和潜在的猎物。

所有的巨蜥都在白天活动，大多数陆栖和栖息在树上的种类最适宜的体温都在35~40℃之间。它们会晒太阳以升高体温，当体温过高时则会返回洞穴或阴凉处。大多数水栖种类的体温则保持在33℃以下。生活在温带地区的种类，如白喉巨蜥和沙漠巨蜥，演化出冬眠的习性。

巨蜥拥有长长的舌头，用于探测空气中的化学信号。它们常用这种方法寻找猎物和配偶——在非洲的白喉巨蜥中，雄性每天穿越4000米以寻找雌性。雄性巨蜥会占领土地，并与接近其配偶的对手决斗。决斗时，双方后腿站立，用前腿抓住对方并试图将对手推倒在地。一些种类中，获胜的巨蜥还会咬失败者。澳大利亚的罗森伯格巨蜥，雄性和雌性会结成一对。在求爱期，雄性会舔并用鼻子摩擦雌性，在几天的时间内它们会交配多次。所有种类的巨蜥都产卵，卵通常被存储在它们的洞穴中、树洞中或白蚁丘内。一窝卵7~51枚，体型较大的种类的产卵数往往更多。

活化石——新西兰大蜥蜴

中文名：新西兰大蜥蜴

分布区域：新西兰

　　新西兰大蜥蜴，仅存于新西兰。早在2亿多年前的上三叠纪时期，新西兰大蜥蜴曾经与恐龙同时存在于地球上，是地球上的"活化石"。近代，由于全球气温普遍升高，孵化出来的新西兰大蜥蜴多为雄性，由于雌雄两性数量不平衡，新西兰大蜥蜴已经处于濒危状态。

　　新西兰大蜥蜴属于新西兰本土物种，外形与恐龙有几分相似。与普通蜥蜴不同，这种大蜥蜴背部有鳞状脊，名字来源于新西兰土著毛利语，意思是"背上有刺"。成年大蜥蜴身长近1米。大蜥蜴都有着非常独特的外貌特征，例如一般动物的牙齿都是上下两排相切合，而新西兰大蜥蜴的则是上面一排的牙齿能完全盖住了下面一排牙齿。在它们的头骨上方还有十分明显的"第三只眼"，但是在大蜥蜴成年后，这只眼会逐渐消失。大蜥蜴还拥有多种体色，在它们的一生中，始终都在不断地根据环境变换着身体的颜色。它们常常以小型动物为食，为了捕食，大蜥蜴甚至可以屏住呼吸达一小时之久。

　　经历了几万年的进化，到今天，新西兰大蜥蜴物种的延续一直困难重重，如果说冰川纪是这个家族遇到的第一次大劫难，在这之后，大蜥蜴家族中劫后余生的成员依旧灾难重重，不断地遭遇第二次、第三次大的劫难。

　　在经历冰川纪后，18世纪30年代，新西兰大蜥蜴还在岛上平静地生活繁衍着。1833年，30名犯人被流放到新西兰附近的布朗克岛，出于生存的需要，他们开始食用大蜥蜴，不久他们又发现大蜥蜴的腹部脂肪对刀伤有神奇的疗效，将这些脂肪涂在伤口上甚至连疤痕都没有，至此，新西兰大蜥蜴的劫难再次来临了。在短短的两三年时间内，这里便形成了小规模的蜥蜴脂肪出口的贸易活动。越来越多的人类活动也破坏了当地的自然环境，人们砍伐岛上的树木，导致洪水袭击小岛，冲毁了大蜥蜴的巢。新西兰大蜥蜴亿万年来平静的生活被打破了，它们的数量开始锐减，然而，这还仅仅只是开始。

18世纪末期，由于人们将老鼠和其他哺乳动物带到新西兰3个主要大陆上，这些动物的存在一方面侵占了原本属于大蜥蜴的生存空间，一方面也进一步破坏了当地的自然环境。最终，在这3个主要大陆上，大蜥蜴濒临灭绝，而在另外的没有食肉动物的32个小岛上，也只有少量的新西兰大蜥蜴，也处于灭绝的边缘。这种奇特的动物引起了动物学家们的关注，为了挽救这个古老的物种，他们开始采取一系列的保护和挽救措施，也取得了不错的成绩。根据2005年的一项统计，卡洛里野生生物公园共有大蜥蜴70只，两年后，这

个数字已经上升到了130只左右。照此下去，挽救新西兰大蜥蜴似乎并非难事，然而没过多久，新的劫难又开始降临这个家族。

2008年，科学家在《英国皇家学会会报》上发表了一篇文章，大意是由于气候变暖使得孵出蜥蜴的雄性比例上升。新西兰大蜥蜴为卵生，它们的性别由孵化温度决定。当环境温度为22.25℃时孵化的将全部是雄性。只有在环境温度低于22.1℃时，才有可能孵出雌蜥蜴。按照现在气温上升的速度来计算，新西兰大蜥蜴家族的最后一个雌性将在2085年出生，从此这个家族将进入全部为雄性成员的时代，直至灭绝。这可以说是新西兰大蜥蜴家族面临的最严重的一次劫难，事关整个家族的生死存亡。

科学家还建议，在新西兰大蜥蜴的产卵处，人工提供阴凉也许可以挽救这一濒危物种。我们也希望这个劫难重重的家族能度过这次灾难，从此在地球上与人类以及其他生物和谐共存。

技高一筹——澳大利亚伞蜥

中文名：澳大利亚伞蜥

英文名：Australian Frilled Lizard

别称：澳洲斗篷蜥、褶伞蜥

分布区域：澳洲北部、东北部和新几内亚南部

澳大利亚伞蜥生活在干燥的草原、灌木丛和树林中。

在澳大利亚，伞蜥是最具代表性的蜥蜴之一，它可以与鬃狮蜥并驾齐驱。

不过比起鬃狮蜥来，伞蜥很难饲养。10年以前，许多动物园或私人饲养的伞蜥不能够长期饲养与人工繁殖，因此国外有些专家不提倡新手饲养伞蜥。

澳大利亚伞蜥的身体很长，可达60~90厘米，它的最大特征就是在受到威胁时会立刻竖起巨大的伞状斗篷。伞蜥全身为灰黑色、灰褐色或黑褐色，

背部和体侧有暗色不规则斑纹，而其伞状斗篷的色泽则令人炫目。伞蜥雄性体色较深，尾部有鲜明的斑纹，体型较雌性大，尾部较窄小细长。雌性个头较小，全身为灰色。这是种树栖性的蜥蜴，生性很胆小，并且具有神经质，如果遭受攻击，它就会逃回到树上。虽然其性情较为胆小且神经质，但是长期人工饲养的伞蜥很温驯而活泼，甚至很喜欢让人类用手喂养，因此，伞蜥在宠物市场是相当受人欢迎的爬虫宠物。

澳大利亚伞蜥为卵生。在繁殖季节时，雌性把卵产在树丛或树洞中，每次产约10~13枚卵，幼体在一个半月后破卵而出。它主要以昆虫为食，但偶尔也会猎食小型啮齿动物或小蜥蜴。在平地奔跑时，伞蜥会悬空前半部身体，只以后肢快速奔跑，看上去和人踏单车一样，所以，人们亲切地称澳大利亚伞蜥叫"单车蜥"。

名扬四海——鳄蜥

中文名：鳄蜥

英文名：Chinese crocodile lizard（ru）

别称：落水狗、潜水狗、大睡蛇、水蛤蚧

分布区域：广西大瑶山、广东韶关曲江罗坑镇

鳄蜥看似像蜥蜴，却长着鳄鱼一样的身躯；看似像鳄鱼，又长着蜥蜴一样的脑袋。于是综合二者的特征称它"鳄蜥"。鳄蜥是我国特有的爬行类动物，只有在我国的广西才能看到。因身在广西瑶山一带，也叫"瑶山鳄蜥"。

在爬行动物中，鳄蜥算是比较古老的一类，体长15~30厘米，尾长23厘米左右，体重达50~100克。鳄蜥的身体可以分为头部、颈部、躯干部、四肢、尾5个部分。鳄蜥的头部和体型与蜥蜴相似，较高，颈部以下的部分，特别是侧扁的尾巴，既长有棱嵴状的鳞片，又长有许多黑色的宽横纹。

鳄蜥的体表为橄榄褐色，侧面很淡，有桃红或橘黄色并杂有黑斑，背部至尾巴的端部都有暗色横纹，它的腹面是乳白色，边缘带有粉红色或橘黄色。鳄蜥的尾巴和扬子鳄的尾巴有些相似，很扁，而且很长，可达20多厘米。它的头部前端较尖，后部为方形，呈四棱锥形，但是头顶平坦，长着不明显的细鳞，近吻端的鳞片较大，颅顶部中央有一个明显的乳白色小点，即颅顶眼。口宽大，内有1舌，1对内鼻孔，咽部长有喉头。鳄蜥颌的边缘密布着同型细齿。其舌十分肥厚，为肉质，前端为黑色，呈浅叉状。鳄蜥的眼睛大小适中，瞳孔为圆形，孔的周围呈金色圆圈，有活动的上下眼脸和透明的瞬膜。在眼

睛后面，头侧的颈沟前长明显的鼓膜。鳄蜥的眼睛能够辐射出8条深色纹，眼后1条深色纹较长，眼下方3条深色纹较粗，其体侧后端黑纹不规则，腹面浅黄有黑短斑纹。在鳄蜥的尾部，有11~12条黑色与棕绿色相间的横纹，每条约占2节。

　　鳄蜥生活在山间溪流的积水坑中，一般都是溪流不大的积水坑。周围怪石嶙峋，灌木丛生，树叶叶缘多为锯齿形，与鳄蜥尾部的缺刻类似。晨昏活动，白天在细枝上熟睡，受惊后立即跃入水中。鳄蜥的脑子是爬行动物中最小的，只有花生米那样大小。白天它不吃不喝，只管大睡，到了晚上它的精神来了，出洞觅食。鳄蜥天生不爱活动，当地人喜欢称之为"大睡蛇"，它们可以一个月不吃不喝而不影响生存。

　　爬行时的鳄蜥最为有趣，它一步三摇的姿态令人发笑。也许会有人担心它的这种姿态在遇到敌害时，能否迅速跑掉。其实，这种担心是多余的。遇到紧急情况时，鳄蜥可以像蜥蜴那样断掉尾巴逃跑，不久之后，又会长出新的尾巴。它游泳的本领也不错，可以在不呼吸的情况下，在水中待20分钟左右。

　　鳄蜥生育的方式比较特殊，是一种卵胎生的繁殖，每年8月前后是它们的繁殖旺季，每胎生育4~8条小鳄蜥。

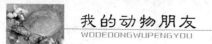
身藏剧毒——希拉毒蜥

中文名：希拉毒蜥

英文名：Gila Monster

别称：大毒蜥、钝尾毒蜥、吉拉毒蜥

分布区域：美国西部和南部各州，亚利桑那州、加州，内华达州，犹他州和新墨西哥州，以莫哈维沙漠及索若拉沙漠为中心，延伸进入墨西哥南部索诺拉州

　　故事传说中东方的龙可以吞云吐雾，而西方的更厉害，还可以吐出剧毒的酸雾，所以在中世纪的欧洲，龙一直被作为一种邪恶的象征。当然龙是被人虚构出来的，在西方，龙的原型就是希拉毒蜥。

　　在世界上两种有毒蜥蜴中，希拉毒蜥是其中一种，另外一种产于墨西哥，称为串状链蜥蜴。希拉毒蜥的体型比串状链蜥蜴大，希拉毒蜥是美国最大的蜥蜴，原产于美国西南部和墨西哥北部。

　　希拉毒蜥是中大型的蜥蜴，长着一颗硕大的头颅，与四肢的大小很不成比例，体型在37~45厘米之间，整个身躯就像一只大个头的壁虎，尾部短粗，全身有5道马鞍状黑色斑纹，尾巴上也有4~5条黑色带状花纹，其底色是鲜艳的橘色或黄色，吻部到两颊为黑色。希拉毒蜥身上的花纹会因为栖息地及年龄的不同而有所差异。成年的希拉毒蜥身上的不规则网状纹路是带状斑纹变成的。有些希拉毒蜥的底色偏红色，除了吻部及腹面有片状鳞片外，其头部、四肢、身体及尾巴布满的都是粒状鳞片。希拉毒蜥的舌头是黑色的，分岔，它们吐舌头与蛇吐信原理是相同的，都是凭借吐舌的行为来探测周围的气味，判断食物或配偶所在的位置。希拉毒蜥的上下腭都长有向内弯曲的牙齿，在其发达的下腭内还藏有毒牙。毒牙的毒腺由许多小毒叶组成，每个毒叶都有各自的小管和出口，它们都靠近牙齿，依赖肌肉的收缩挤出毒液时，毒液就会流到牙齿的沟槽里。

希拉毒蜥的毒液是神经毒，如果人被咬伤，毒液就会顺着伤口进入体内，并由人体内的淋巴腺带到身体各处。当毒液到达心脏，人体的血液就会有血毒素进入，血管壁就会遭到破坏。希拉毒蜥所咬之处，血液就会像水一样通过血管壁喷射出来，使人体发生大面积出血，伤者就会出现四肢麻痹、昏睡、休克、呕吐等症状，但这些还不至于危及人的生命。尽管如此，人们还是要十分小心，因为希拉毒蜥的咬合力量很大，而且它不会主动松口，会持续啃咬，造成的伤口非常严重。人迹罕至的大沙漠、灌木林区及覆盖大片仙人掌的地区，都是希拉毒蜥的栖息地。它尤其喜欢藏在峡谷或靠岩石斜坡处、地洞、老鼠骨骸堆成的洞穴里，以捕捉各种小型鸟兽及小蜥蜴为食。猎物被它的毒液毒杀后，就会慢慢被它吞下。幼蜥蜴刚出生时就有令人恐惧的毒液，十分厉害。

希拉毒蜥虽然看起来好像很笨重迟缓，但是它的个性十分凶猛，捕猎的

速度快如闪电。各种啮齿类动物、鸟类雏鸟、鸟蛋，都会成为它们口中的食物。在进食啮齿动物幼崽时，它们显得更是凶狠，它们会从这些猎物幼崽的脑袋吃起，那绝对的是生吞活剥。

希拉毒蜥大部分时间都躲在地下洞穴中，它们有着一流的攀爬功夫，能爬到野外很高的树上捕食幼鸟或鸟蛋。美国的研究人员曾把沾过蛋黄的老鼠直接塞入雌性毒蜥的喉咙中，进行强迫喂食，且长达18年之久，但那条蜥蜴还是年年生蛋，因此强迫喂食好像不会对毒蜥造成任何不良的影响。

目前，希拉毒蜥与串状链蜥蜴都面临着灭绝。美国对希拉毒蜥的繁殖进行的研究至少有30年的历史了，可是希拉毒蜥的繁殖难度实在太高，最困难的就是难以辨别雌雄。雌雄希拉毒蜥在外观上并没有显著的差异。有人曾通过外形进行比较，认为雄性较粗壮，头部宽，而雌性修长，通常呈酪梨型。但是这种辨别方法需要从多方面进行比较，而且其准确度很低。最好的区别雌雄希拉毒蜥的办法是通过超音波透视体内找到卵巢或睾丸，也可以验DNA。由于大多数希拉毒蜥会经历冬眠，这会提高它们自身的免疫能力。因此，没有经历低温期的雌雄希拉毒蜥多半无法繁殖。从冬眠中苏醒的雌雄希拉毒蜥会立刻开始交配，时间大约需要30分钟，雌性会把卵产在地下洞穴中，每窝可产3~12颗。较为常见的生产5颗左右。希拉毒蜥卵的孵化期一般是10个月，幼蜥出生后需要自力更生。如果幼蜥能够顺利成长为成年的希拉毒蜥，它的寿命可以长达30岁以上。

冷血杀手——科摩多巨蜥

中文名：科摩多巨蜥

英文名：Komodo dragon

别称：科摩多龙

分布区域：印度尼西亚的岛屿、干草原和树林

　　印尼的科摩多岛在20世纪初以前常年荒无人烟。后来，松巴哇苏丹开始把罪犯流放到那里去服刑。没过多久，就传出令人害怕的消息：岛上有巨型蜥蜴。刚开始谁也不信，直到1911年，一位美国的飞行员驾驶一架小型飞机低空飞过科摩岛上空时无意中看到了"怪兽"后，才慢慢有人相信岛上确实存在巨型蜥蜴。1912年，第一份有关科摩多巨蜥的学术报告发表，三年后，印尼政府把这个地球上独有的动物视为国宝严格保护起来。1926年，美国人伯尔登拍摄了关于科摩多岛屿的自然风光和巨蜥的大量镜头，1931年制作了影片《KINGKONG》，科摩多巨蜥开始为世人所认识。1990年，印尼政府建立科摩多国家公园，并正式向游客开放。

　　科摩多巨蜥生活在印度尼西亚科摩多岛及其邻近其他的群岛中。全身为深褐色，并有灰黄色的斑点。身躯较长，头部巨大，在嘴里长有如倒钩状的牙齿，细长的舌头前端分叉。它的四肢粗壮有力，善于挖掘洞穴。在脚趾上长有尖锐的爪子，能够帮助牙齿将食物撕成碎片。尾巴根部粗大，向尾尖逐渐变细，尾巴的长度几乎等于身体和头部的总长度。科摩多巨蜥是世界上个体最大的巨蜥。成年的蜥蜴一般身长3.5~5米左右，雌性大，雄性小，体重

100~150千克，是蜥蜴王国中的"巨人"。皮肤粗糙，生有许多隆起的疙瘩，无鳞片，黑褐色，口腔生满巨大而锋利牙齿，是唯一长有牙齿的蜥蜴。不过它们的声带很不发达，即使被激怒，也仅能发出"嘶嘶，嘶嘶"的声音。

科摩多巨蜥喜欢生活在海岸边潮湿的森林地带，偶尔会游入大海或在海岸附近徘徊，但一般说来仍是比较喜好干燥荒凉的环境，爬行速度较快。科摩多巨蜥是一种肉食性动物，它们的食量很大，平均每天能吃6~8千克的食物，不过新陈代谢缓慢，能量消耗很小，食性很杂，鸟类、昆虫、哺乳动物等都是它们的食物，当鸟类把巢穴盖在地面上时，巨蜥便会食用鸟蛋作为自己的开胃品。每天早晨，科摩多巨蜥从洞穴中爬出来，先躺在岩石上吸收阳光的热量，直到太阳晒暖了身体后才去捕食。有时它们会在海边吃一些被海浪冲上岸的鱼、蟹和软体动物，有时则会静静地埋伏在树丛中，捕食大型的哺乳动物。当它们发现猎物的踪迹后，便慢慢向猎物靠拢，等到两者之间的距离比较近的时候，它们便突然发起进攻，进行袭击。科摩多巨蜥进攻的有利武器，是它们身后拖着的那条大尾巴。它们用那侧扁而粗壮的尾巴直接把猎物扫倒在地，然后再转过头去用尖锐的牙齿一口咬住猎物的脖颈，使之毙命。当捕获不到活的动物时，它们也会吃腐烂的动物尸体。在它们的舌头上长着敏感的嗅觉器官，科摩多巨蜥在寻找食物的时候，总是不停地摇头晃脑、吐着舌头，靠灵敏的嗅觉器官，甚至能闻到1000米范围内的腐肉气味。

科摩多巨蜥的行动十分谨慎。它隐藏在树林与草丛之中，经常在大约超出1.5平方千米的范围内活动。

和大多数爬行动物一样，科摩多巨蜥为卵生动物，每年的7月份是科摩多巨蜥的繁殖季节。它们先在比较干燥的山丘上挖好洞穴，然后将卵产在里面，每窝产卵数量在5~20枚不等，卵为白色，到来年的4月才孵化。一般科摩多巨蜥的寿命在40年左右，最长寿的可以活到100年以上。

大名鼎鼎的科摩多巨蜥是地球上最大的蜥蜴，它们甚至还是上古恐龙的现代版。成体体色朴实无华，但幼体的体色特别华丽。幼体通常栖息在树上，直到长到1米左右才会回到地面上活动，树栖期间大约是一年，这是它们躲避成年科摩多巨蜥袭击的天生本能。

尽管科摩多巨蜥是最高层的掠食动物，在原生地没有天敌，但因繁殖不易，所以仍然有灭绝的危险。科学家很早就开始关心巨蜥将来的命运。从1915年起，这种在地球上其他任何地方都再也找不到的动物就被保护起来了。科摩多巨蜥被严格限制在捕杀范围之外，它已被联合国教科文组织列为人类现存的财富之一。

千年万载——楔齿蜥

中文名：楔齿蜥

英文名：Sphenodon punctatum Gray

别称：喙头蜥

分布区域：新西兰的小岛、岩石中

    楔齿蜥是一种奇特的爬行动物，它的模样有点怪，既像蜥蜴，又像鳄。它的头部较大，呈三角形。吻端突出，牙齿长得很特别，不是生在齿槽内，而是像鱼的牙齿一样，同腭骨合在一起。身体主要为草绿色至绿褐色，全身皮肤布满褶纹和斑点，后面拖着一条长尾巴，十分粗壮。从脖子一直到尾梢，分布着一长列锯齿般的角质棱脊。前肢粗短，后肢较长，活动缓慢。

    楔齿蜥以昆虫及小型蠕虫、甲壳动物、软体动物等为食。由于生性好斗，所以它们总是单个生活在洞穴中。楔齿蜥是夜行性动物，白天栖居在水边的洞穴中，如果天气好的话，它们也会在洞口晒晒太阳。夜里出来觅食，悠闲地爬行在潮湿的洼地或水边。楔齿蜥有断尾再生的能力。

    楔齿蜥的寿命在100年以上，因为它们的体温很低，新陈代谢缓慢，即使在食物较少的时候也能维持生命。楔齿蜥从出生到性成熟需要10~20年的时间。它们在海鸟的洞穴中产卵。每年的1~3月是楔齿蜥的发情交配期，而产卵却要到10月甚至12月，产卵的数量为8~15个，其卵像鸽蛋大小，孵化期长达12~15个月，生育周期在2年左右。

    楔齿蜥原来遍布新西兰各岛，后来人们移居那里后，开始大量捕杀、剥

皮制革，导致楔齿蜥数量大减，新西兰本岛的种群于1847年灭绝了。1981年，旺格鲁伊岛上尚有200只楔齿蜥生存，而到了1984年，它们也全部消失了。此外，在其他几个人迹罕至的小岛上残存的楔齿蜥还不到1万只，仍有灭绝的危险。

楔齿蜥与蜥蜴迥然不同。在现今的生物界里，它和任何动物都不像，却偏偏同生活在2亿多年以前的喙头类动物的化石相似。这种动物现在已经绝迹了，它的化石在我国云南禄丰三叠纪地层曾发现过。

楔齿蜥这种古老的爬行动物看上去像美洲鬣蜥，但它并不是蜥蜴，而且也不是恐龙，尽管它们从那些身躯庞大的爬行动物存在的年代开始一直到现在几乎没有发生什么变化。楔齿蜥之所以能够存活下来，是由于它在8000万年前忽然发现自己所在的一小块大陆变成了新西兰，恰好赶在哺乳动物兴起之前便从地球南端的超级大陆——冈瓦纳大陆分离出来了。此外，它们也找到了适应寒冷气候的办法。

大多数楔齿蜥的同类都与恐龙一起灭绝了，一些幸存者也被哺乳动物赶

出了它们的小生境。但是，几百万年来，楔齿蜥却快乐地耕耘出一片自己的小天地。后来，伴随着哺乳动物的到来，出现了狗和老鼠，因此，楔齿蜥又逐渐地从大陆上被赶出来，现在仅残存在新西兰海岸周围星星点点的一些岛屿上。

楔齿蜥很少营建自己的洞穴，却喜欢跟海燕、黑鹱等海鸟同居。海鸟在洞里排出大量粪便，滋生出许多小昆虫，这成了楔齿蜥吃不完的"粮食"。而楔齿蜥消灭昆虫，可使鸟卵免遭虫叮，得以安全孵化。它们互利同栖，相处得很好。海燕和黑鹱同楔齿蜥的生活规律不同，它们通常白天出去捕鱼，而楔齿蜥则在夜间觅食。黑鹱、海燕因迁徙而飞走了，楔齿蜥就留在洞穴里冬眠。

纷繁复杂——鬣蜥

中文名：鬣蜥

英文名：Lguana

分布区域：墨西哥、美国

　　鬣蜥是鬣蜥蜴亚科3大主要类属之一。与同类别的锯齿型蜥蜴和变色龙一样，它们具有很发达的四肢，喜欢在白天活动。这一科有将近700个种类，形态、大小和颜色都高度多样化。虽然很多种类具有隐蔽性的外表，但有些种类却是利用它们自身复杂的身体装饰与亮丽的色彩，向它们可能的配偶和竞争对手展示和炫耀自己。在整个西半球，从加拿大南部到南美洲南端的火地岛，鬣蜥都是最显赫的家族。

　　鬣蜥通常陆栖、岩栖或树栖，也有一些是穴居或者半水栖的。一些陆栖鬣蜥，如斑尾鬣蜥有长腿和长脚趾，跑得很快。相反，短肢、宽体的角蜥蜴依靠尖利的鳞片，以及能从眼后的凹穴喷血的独特能力威慑敌人。许多岩栖种类的鬣蜥都有结实的四肢和有力的爪子，用于攀爬。生活在裂隙中的鬣蜥则通常具有较扁平的体型，如胖身叩壁蜥的某些部位可以膨胀为楔形，可用于防御捕食者。

　　栖息在树上的鬣蜥身体通常像被压缩了，它们的四肢通常很细长，一些种类具有可以卷缠的尾巴，帮助它们在相隔很远的树枝间爬行。安乐蜥是最专业的爬行者，它们的脚趾上有扩展的肉垫，并利用微小的毛发状结构，像壁虎那样抓住很光滑的表面。一些栖息在树上的鬣蜥行动相对缓慢，有时候它们可以一动不动地连续数日抓住树干，等待毛虫或其他大的昆虫猎物。

大多数鬣蜥是食昆虫动物，也有一些是食肉动物或者杂食动物，而许多体型最大的种类则是主要以植物为食的食草动物。绿鬣蜥是一种典型的大体型蜥蜴，它们主要以树叶和水果为食。海鬣蜥是一种最具有专业进食技能的蜥蜴，它们利用有蹼的脚和压扁状的尾巴在加拉帕戈斯岛周围冰凉的水域里游动，在那里，它们钝的口鼻部可以使其吃到由潮汐和亚潮汐带来的海藻，它们鼻腔里特殊的腺体可以聚集和清除它们所摄取的过量盐分。它们需要细菌来分解所要消化的植物的细胞壁。在食草的鬣蜥体内，这类细菌主要居住在肠道，因此肠道实际上是一个大的发酵室。这也解释了为什么这些蜥蜴会长得如此之大——一些西印度群岛的岩石蜥蜴体长竟达75厘米。

所有的鬣蜥都是白天活动，尽管栖息于森林中的种类喜欢阴凉的地方和凉爽的气温，但大多数鬣蜥还是喜欢晒太阳的。鬣蜥的最适体温一般高达40℃甚至更高，有些鬣蜥甚至最少可以忍耐47℃的高温。在温度较低时，一些生长在沙漠中的鬣蜥为了吸收更多的太阳辐射，体色会变暗，当它们身体变暖时，体色又会逐渐变亮。许多鬣蜥的体色用于体现复杂的视觉效果。雄性个体通常比雌性大，而且长有明显的饰冠、棘刺，或喉扇（垂肉）。安乐蜥

用头部上下晃动，以及其他动作，结合喉扇的色彩向它们心仪的配偶和潜在的对手显示它们的存在。其他一些鬣蜥则利用亮红色或者蓝色的喉和腹部的色彩，加上它们身体的膨胀和收缩，以达到同样的效果。

大多数鬣蜥会产卵，在一些种类中，胎生较为普遍，包括棘蜥和角蜥。来自温带地区的鬣蜥一年只产1次卵，甚至不到1次，而热带地区的品种在一年的大部分时间都会产卵。鬣蜥中没有亲代照料现象，大多数新生命的样子和举止俨然是微型的成体，并且更多地像雌鬣蜥。一些食草的种类，幼体一开始是食昆虫的，在生命后期它们才逐渐改变饮食习惯。侧斑蜥蜴繁殖的机会很有限，因为它们一般很少能存活超过1年。

巧夺天工——环尾蜥

中文名：环尾蜥

英文名：Cordylusgiganteus

别称：巨型环尾蜥

分布区域：非洲

环尾蜥是仅栖息在非洲大陆的种群，它们大多分布于南非的多岩石地区，但是也向北延伸到埃塞俄比亚。所有的环尾蜥都在白天活动，主要依靠昆虫为生。它们的名字源于绕着尾巴的尖刺鳞形成的螺环，有时身体上也有。许多环尾蜥的背部和腹部都覆盖着规则的矩形鳞，背部的鳞中还含有皮骨。它们有一个招牌动作，就是撑高前肢，面对阳光晒太阳，因此，人们给它们起了一个传神的英文名字，叫做"望日蜥"。

环尾蜥是日型性穴居型的蜥蜴，它们通常分布于干燥的多岩地区，在岩缝中或是凿出的洞穴中栖息，这种习性和环境也十分类似部分岩居型的王者蜥。环尾蜥属于杂食性蜥蜴，但是通常以昆虫为食，也会捕食小哺乳类或其他爬虫类动物，蟋蟀、面包虫、叶菜、水果和花朵等都是它们的食物。饲养巨型环尾蜥的环境布置可以以沙为底材，加上堆叠的岩块就足够，它们也需要大量的日照，所以高品质的UVB光线是不可或缺的配备，夏季每天需要12~14小时的光照，不过温度倒是不需要高于30°。此外，水盆也是必须准备的。

大部分环尾蜥都是岩居的，身体扁平，可以进入狭窄的裂缝。扁平蜥这种特点尤为突出，它们缺少其他的环尾蜥具有的防御优势，主要凭借其纤长的四肢在栖息地的卵石表面迅速奔跑。环尾蜥身上覆盖着很大的甲片，群居于岩石的裂缝中，它们可以突然出现并捕获近处的昆虫。虽然它们移动速度较慢，却有非常有效的防御手段：如果在庇护所以外遇到拦截，它们就会绕成一个对任何捕食者而言都难以应付的球。

大多数环尾蜥是土褐色的，而扁平蜥和峭壁蜥则例外，它们表现出显著的性别二态性。在扁平蜥蜴中，体型大的雄性更多的呈现亮红色、橙色、黄色、绿色、蓝色或者这些颜色的综合色，而雌性蜥蜴通常是黑色，背部有一系列灰白条纹。扁平蜥的社会行为很复杂，在繁殖季节，它们组成密集的群体，雄性会捍卫领土。雄性普通环尾蜥也是有侵略性的。尽管许多个体可能会共享一个岩石庇护所，但在那里，它们仍用威吓和争斗来维持统治秩序。

大多数环尾蜥一次产下1~4个较大的幼体，幼体需要三年以上的成长才能具备生殖能力，其繁殖数量常常受到扁平状身体的限制，最多的一次可产下12只幼体。扁平蜥是唯一卵生的环尾蜥，它们一窝会产两个长形卵。

虽然繁殖环尾蜥不容易，但是辨别雌雄环尾蜥并不难，雄性环尾蜥股孔明显，前肢内侧的鳞片特别突起，雌性则没有这些特征。环尾蜥是胎生蜥蜴，性情温驯，属于群聚型的蜥蜴，可以进行多只混养，即使混养时有多只雄性环尾蜥，也不会出现激烈的争斗。

毒蛇之王——眼镜王蛇

中文名：眼镜王蛇

英文名：Hamadryad

别称：山万蛇、过山风波、大扁颈蛇、大眼镜蛇、大扁头风、扁颈蛇、大膨颈、吹风蛇、过山标

分布区域：主要分布于东亚南部、东南亚、南亚

　　眼镜王蛇没有眼镜蛇那么常见，一般只分布在我国广西、云南、广东、海南、浙江、福建等地。国外一般分布在东南亚及印度等地。眼镜王蛇与眼镜蛇在外形上颇为相似，但眼镜王蛇的体型更大，最长可达6米。眼镜王蛇的颈部背面没有眼镜斑，顶鳞之后有一对大的枕鳞。其黑、褐色的底色间有白色条纹，腹部为黄白色。幼蛇为黑色，并有黄白色条纹。

　　眼镜王蛇通常生活在沿海低地至海拔1800米左右的山区林地边缘靠近水的地方，常居于山溪旁的树洞中，用落叶筑成巢穴。它们夜间隐匿在岩缝或树洞内歇息，白天出来觅食。除了捕食老鼠、蜥蜴及小型鸟类外，还捕食其他蛇类，包括金环蛇、眼镜蛇、银环蛇等有毒蛇种。眼镜王蛇的视力不好，耳朵里没有鼓膜，所以对因空气振动而产生的声音没有什么反应。它们识别天敌和寻找食物主要是靠舌头。

　　眼镜王蛇喜欢独居，属卵生动物，通常每年7~8月间产卵，每次产20~40枚卵。雌蛇有护卵习性，长时间盘伏于卵上护卵。

　　眼镜王蛇性极凶猛，有剧毒，受惊发怒时身体前部会立起，颈部变得宽扁，有主动进攻的特点，是世界上最危险的蛇之一。人若被它咬伤，不到1

小时就会丧命。

眼镜王蛇的剧毒主要在牙齿上，其肉无毒，味道鲜美；蛇皮可制成工艺品；蛇毒、蛇胆有极高的药用价值。现在，野外的眼镜王蛇已不多见，大部分都遭到捕杀，如不及时采取有效的保护措施，很有可能会灭绝。 眼镜王蛇现已被列入《濒危野生动植物种国际贸易公约》名录。

海洋里的蛇王——海蛇

中文名：海蛇

英文名：Pelamis platurus

分布区域：西起波斯湾东至日本，南达澳大利亚的暖水性海洋都有分布，但大西洋中没有海蛇。

　　海蛇，顾名思义，是生活在海里的蛇，大部分都有毒。海蛇主要生活在太平洋和印度洋沿岸的温暖水域。在我国广西、浙江、江苏、福建、广东、海南、辽宁和台湾等近海地区均有分布，约有20种。

　　海蛇是由在陆地上生活的蛇经过漫长时间的发展演化而来的，逐步适应了海洋生活。除平尾海蛇会经常爬上陆地在温暖的沙滩上沐浴阳光、产卵繁殖外，其他海蛇种类可以终生生活在海水中。

　　海蛇喜欢在大陆架和海岛周围的浅水中栖息，在水深超过100米的开阔海域中很少见。有的种类喜欢栖息在沙底或泥底的浑水中，有些种类却喜欢在珊瑚礁周围的清水里活动。不同种类的海蛇潜水的深度是不一样的。曾有人在四五十米水深处见到过海蛇。浅水海蛇的潜水时间一般不超过30分钟，在水面上停留的时间也很短，每次只是露出头来吸上一口气就又潜入水中了。深水海蛇在水面逗留的时间较长，潜水的时间可达2~3个小时。

　　为了适应水中的生活，海蛇的体型变得很小，身体扁平，尾巴呈桨状，便于在水中游泳潜水。它们的鼻孔朝上，有瓣膜可以开合，吸入空气后，可以关闭鼻孔潜入水下。海蛇在水中生活，通过皮肤从海水中吸进氧气。海蛇的身体表面有鳞片包裹，鳞片下面是厚厚的皮肤，可以防止海水渗入和体液的丧失，舌下有盐隙，可以排出随食物进入体内的过量盐分。

海蛇多为卵胎生，大部分能在水中直接产出幼蛇。海蛇的蜕皮是在水下将皮一节一节地脱落，还会像陆地祖先一样，通过采用把自己身体蜷成一团的方法来驱除寄生虫。

海蛇有肺，而且很大，几乎占据了海蛇的整个身体，就像是一个空气箱，当需要浮出水面的时候可以立即充满空气。

海蛇是肉食性动物，食物主要以鱼类为主。它们的摄食习性与体型有关，牙齿又小又少的海蛇毒牙和毒腺不大，主要以鱼卵为食。有些海蛇喜欢捕食身上长有毒刺的鱼，在菲律宾的北萨扬海就有一种专以鳗尾鲶为食的海蛇。鳗尾鲶身上的毒刺刺人很疼，甚至能将人刺成重伤。除了鱼类以外，海蛇也常袭击较大的生物，但是它们并不像鲨鱼那样具备强有力的颚，很多海蛇是依靠其毒素器官来进行自卫和获取食物的。我们都知道眼镜蛇的毒性可以很快置人于死地，但海蛇毒液的毒性比眼镜蛇还要大得多。海蛇的毒液属于神经毒素，人被海蛇咬伤后的那一瞬间只有一点麻木和刺痛的感觉，一般要过4个小时以后才会出现明显的发病症状。毒素一旦发作，伤者的全身肌肉将

会感觉酸痛、颈部强直、眼睑下垂、心脏和肾脏受损。如果抢救无效，伤者最终将死于心力衰竭。我国海南岛的部分渔民如果在收网时发现网中有海蛇，有时宁可放弃得到的收获。

在海蛇的生殖季节，它们喜欢聚在一起形成绵延几十千米的"长蛇阵"，这就是海蛇在生殖期出现的大规模"聚会"现象。完全水栖的海蛇的繁殖方式为卵胎生，每次产下3~4尾20~30厘米长的小海蛇。而能上岸的海蛇，依然保持卵生，它们在海滨沙滩上产卵，任其自然孵化。

海蛇的天敌是海鹰和其他食肉海鸟。它们一看见海蛇在海面上游动，就会疾速从空中俯冲下来，衔起一条就振翅高飞。海蛇离开了水就没有了进攻能力，而且几乎完全不能自卫了。另外，部分鲨鱼也以海蛇为食。

由于海蛇以鱼虾为食，所以它的肉含有高蛋白，营养丰富，味道鲜美，可以鲜食，也可加工成罐头食品，是滋补佳品，具有促进血液循环和加快新陈代谢的作用，常用于病后或产后体虚等症，是老年人的滋补上品。

海蛇的食用方法有很多，肉可红烧、清蒸、煲汤。其中海蛇炖火鸡是有名的"龙凤汤"。海蛇肉煲粥是有清凉解毒功效的美食佳肴；海蛇汤鲜香可口；海蛇酒可作为祛风活血及止痛的良药。

海蛇皮可以用来制作琴膜及装饰品，如各种箱包手袋等；蛇毒可制成治癌药物"蛇毒血清"，还可以用来治疗毒蛇咬伤、坐骨神经痛、风湿等症，并可以从中提取十多种活性酶；蛇血治雀斑十分有效；蛇油可制成软膏、涂料；蛇胆可入药，浸药酒，可以祛风活血，有强身健体的功效。将活蛇入酒，浸死，然后取出来，清洗干净，封存在酒中半年以上，每次服用少量，同时用酒擦身，可用于治疗风湿性关节炎、腰背痛、肌肉麻木等疾病，这是利用海蛇治病的一种传统方法。

头尖毒强——五步蛇

中文名：五步蛇

英文名：Deinagkistrodon

别称：白花蛇、百步蛇、尖吻蝮

分布区域：主要分布在我国境内

　　五步蛇是亚洲地区及东南亚地区内相当著名的蛇种，尤其在台湾及华南一带更是备受重视的蛇类。

　　五步蛇头大，呈三角形，吻端有由吻鳞与鼻鳞形成的一短而上翘的突起。头背尖吻蝮黑褐色，有对称大鳞片，具颊窝。体背深棕色及棕褐色，背面正中有一行方形大斑块。腹面白色，有交错排列的黑褐色斑块。

五步蛇生活在海拔100~1400米的山区或丘陵地带。大多栖息在海拔300~800米的山谷溪涧附近，偶尔也进入山区村宅，出没于厨房与卧室之中，与森林息息相关。天气炎热时，会进入山谷溪流边的岩石、草丛、树根下的阴凉处避暑，冬天在向阳山坡的石缝及土洞中越冬。五步蛇喜食鼠类、鸟类、蛙类、蟾蜍和蜥蜴，尤以捕食鼠类的频率最高。

五步蛇其中一个为人熟知的名字是"百步蛇"，意指人类只要被它所咬，脚下踏出百步内必然会毒发身亡，以显示它的咬击实在奇毒无比。

根据资料统计显示，由尖吻蝮的咬击所导致的危险事件甚至死亡事件，至少在中国大陆地区是较为常见的。原因有两个：一方面是由于该蛇种个体较大，性格凶猛，毒牙较长，咬伤的情形较为严重，另一方面也由于该蛇属于排毒量较大的蛇种。台湾方面就有专门对抗五步蛇毒素的有效血清。

五步蛇在我国分布较广，其中以武夷山山区和皖南山区贮量最多。根据各省产区历年收购五步蛇蛇干的数量及重点产区抽样调查，我国目前尚有野生状态五步蛇1000多条。

可怕的黑白夫人——银环蛇

中文名：银环蛇

英文名：Bungarus multicinctus

别称：寸白蛇、过基甲、簸箕甲、手巾蛇、银脚带、雨伞节、台湾克雷特

分布区域：中国、缅甸、老挝

银环蛇虽是毒蛇，但性情温和，除非遭受威胁，否则不会主动攻击。银环蛇生活在平原、山地或近水沟的丘陵地带，常出现于住宅附近。昼伏夜出，喜横在湿润的路上或水边石缝间捕食黄鳝、泥鳅、蛙类或其他种类的蛇。

银环蛇头椭圆形，与颈区分不太明显，背具典型的9枚大鳞片，无颊鳞，背正中一行脊鳞扩大呈六角形。全身体背有白环和黑环相间排列，白环较窄，尾细长，体长1000~1800毫米，具前沟牙。背面黑色或蓝黑色，具30~50个白色或乳黄色窄横纹；腹面污白色。头背黑褐，幼体枕背具浅色倒"V"形斑。背脊不隆起，尾末端较尖。

银环蛇的体内具有两种神经毒素，患者被咬时不会感到疼痛，反而想睡。轻微中毒时身体局部产生麻痹现象，若是毒素作用于神经肌肉交接位置，则会阻绝神经传导路线，致使横纹肌无法正常收缩，导致呼吸麻痹，作用时间约40分钟至2小时，或长达24小时。可以用神经性抗毒蛇血清治疗。

银环蛇入药有祛风湿、定惊搐的功效，治风湿瘫痪、小儿惊风抽搐、破伤风、疥癣和梅毒等症。

温柔杀手——金环蛇

中文名：金环蛇

英文名：Banded krait

别称：黄节蛇、金甲带、佛蛇、黄金甲

分布区域：越南、泰国、印度、印度尼西亚、马来西亚、老挝、缅甸、中国

　　金环蛇是环蛇属的一种，剧毒无比。一般来说，金环蛇和其他环蛇属的蛇一样，动作缓慢，不爱攻击人类，主要以小型脊椎动物为食。金环蛇的毒性较其近亲银环蛇弱，但仍然属剧毒蛇，且数量也较银环蛇多。主要生活在印度东北部和东南亚地区，分布于中国的江西、福建、广东、海南、广西和

云南。

金环蛇全长1200~1800毫米，是具有前沟牙的毒蛇。通身黑色，有较宽的金黄色环纹，体尾共有19~27环，黑黄二色宽度约相等。头背黑褐色，枕部有浅色倒"V"形斑。背脊隆起呈脊，所以躯干横切面略呈三角形，尾末端圆钝。头椭圆形，与颈区分不太明显，头背具有典型的9枚大鳞片，背鳞平滑，全身15行，背正中一行脊鳞扩大呈六角形。

金环蛇栖息于海拔180~1014米的平原或低山，植被覆盖较好的近水处。怕见光线，白天往往盘着身体不动，把头藏于腹下，但是到了晚上就十分活跃，捕食蜥蜴、鱼类、蛙类、鼠类等动物，并能吞食其他蛇类及蛇蛋。性温顺，行动迟缓，其毒性十分剧烈，但是不主动咬人。金环蛇偶尔吃蜥蜴或其他脊椎动物。卵生，5~6月产卵6~14枚于腐叶下或洞穴中。

臭名远扬——王锦蛇

中文名：王锦蛇

英文名：King rat snake

别称：臭王蛇、黄喉蛇、黄颔蛇、菜花蛇、王蛇（四川）、锦蛇、黄蟒蛇、王蟒蛇、油菜花

分布区域：主要分布在我国境内

　　王锦蛇是野生蛇类中种群数量较大的品种之一，因其长势快，肉多，耐寒能力强，并且季节差价较大，是目前国内开发利用的主要对象。王锦蛇是一种体大力强、行动迅速而凶猛的无毒蛇，它有一对发达的肛腺，分泌物能散发出特殊的异样臭味，有人根据这种臭味就能追踪到王锦蛇的藏身之处，所以"臭黄蟒"又成了它的另一外号。王锦蛇是贪吃的食肉动物，如果抓不到鼠、鸟、蛙、蛇、蜥就不愿进食；在饿得发慌时，也会吞吃同类的幼蛇或敢于向巨大的黑眉锦蛇发起猛烈的攻击。国内除东北以外，其他地区均有分布。

　　王锦蛇的主要特征是头部有"王"字样的黑斑纹，故有"王蛇"之称。其头部、体背鳞缘为黑色，中央呈黄色，似油菜花样，体前段具有30余条黄色的横斜斑纹，到体后段逐渐消失。腹面为黄色，并伴有黑色斑纹。尾细长，全长可达2.5米以上。成蛇与幼蛇的色斑差别很大，头上没有"王"字形斑纹，往往被误认为是其他蛇种。王锦蛇身体呈圆筒形，体大者可达5~10千克。

　　王锦蛇为卵生繁殖，每年的6月底至7月中旬为产卵高峰期，每次产卵5~15枚不等。刚产下的卵表面有黏液，常常几个粘连在一起。掰开卵会发现，卵内没有卵黄和卵白之分，均是淡黄色的胶状物质。王锦蛇的卵较大，呈圆

形或椭圆形，卵为乳白色，每卵重约40~55克，卵小者也有30~38克，孵化期长达40~45天。据观察，王锦蛇产卵后盘伏于卵上，似有护卵行为。

王锦蛇具有体大、耐寒、适应性强、生长快、饲养周期短、容易饲养和孵化等诸多优点。很多蛇场或养蛇户，特别是北方诸省区，大都以养它作为无毒蛇的饲养对象。王锦蛇捕杀能力突出，性暴烈，有明显的霸占主义；当遇见眼镜蛇时，会有攻击行为，两蛇打斗激烈；是神经质的蛇类，攻击猛烈，绞杀能力强。遇到天敌时，不轻易放弃反抗，是大多数蛇类害怕的品种，其唾液可使小型动物死亡。

绿色杀手——竹叶青

中文名：竹叶青

英文名：Medoggreenpit-viper

别称：青竹蛇、青竹标、刁竹青

分布区域：主要分布在我国境内

　　竹叶青蛇通身绿色，腹面稍浅或呈草黄色，眼睛、尾背和尾尖焦红色。体侧常有一条由红白各半的或白色的背鳞缀成的纵线。头较大，呈三角形，眼与鼻孔之间有颊窝，尾较短，具缠绕性，头背都是小鳞片，鼻鳞与第一上唇鳞被鳞沟完全分开；躯干中段背鳞19~21行；腹鳞150~178对；尾下鳞54~80对。

　　竹叶青发现于海拔150~2000米的山区溪边草丛中、灌木上、岩壁或石上、竹林中，路边枯枝上或田埂草丛中。多于阴雨天活动，在傍晚和夜间最为活跃。以蛙、蝌蚪、蜥蜴、鸟和小型哺乳动物为食。

　　竹叶青可以说是中国的特产，但世界上同样也分布着各种各样的竹叶青亚种，白唇竹叶青、福建竹叶青、台湾竹叶青、扁鼻竹叶青、墨脱竹叶青主要分布在中国；海岛亚种竹叶青、哈氏竹叶青、坎布里竹叶青、大眼竹叶青则分布在泰国和中南半岛。

　　较常见的竹叶青为白唇竹叶青。白唇竹叶青蛇体长60~75厘米，尾长14~18厘米，体重约60克。头呈三角形，其顶部为青绿色，瞳孔垂直，呈红色，颈部明显，体背为草绿色，有时有黑斑纹，且两黑斑纹之间有小白点，

最外侧的背鳞中央为白色，自颈部以后连接起，形成一条白色纵线，有的在白色纵线之下伴有一条红色纵线。有的有双条白线，再加红线。亦有少数个体为全绿色。腹面为淡黄绿色，各腹鳞的后缘为淡白色，尾端呈焦红色。

白唇竹叶青栖息于山区阴湿溪边、杂草灌木丛和竹林中，由于其绿色的体色和善于缠绕的尾巴，很适应在树上生活，它们常吊挂或攀绕在溪边的树枝或竹枝上，体色与栖息环境均为绿色，极不容易被发现。有时它们也盘踞在石头上，头朝着溪流，若受到惊扰就缓缓向水中游去。其昼夜均活动，夜间更为频繁。

竹叶青的食欲较强，食量也大，通常先咬死猎物，然后吞食。嘴可随食物的大小而变化，遇到较大食物时，下颌缩短变宽，成为紧紧包住食物的薄膜。竹叶青常从动物的头部开始吞食，吞食小鸟时，竹叶青则从头顶开始，这样，鸟喙弯向鸟颈，不会刺伤蛇的口腔或食管。吞食速度与食物大小有关，小白鼠5~6分钟即可吞食，较大的鸟则需要15~18分钟。

竹叶青的消化系统非常厉害，有些在吞咽的同时就开始消化，还会把骨头吐出来。竹叶青的消化要靠在地上爬行，利用肚皮和不平整的地面来摩擦竹叶青的毒液实际上是蛇的消化液，人的胆汁也属这种消化液。

竹叶青虽然有强大的消化系统，但其消化食物的速度很慢，每吃一次要经过5~6天才能消化完毕，但消化高峰多在食后22~50小时。如果吃得多，消化时间还要长些。竹叶青的消化速度与外界温度有关，在5℃的气温下，消化完全停止；到15℃时消化仍然很慢，消化过程长达6天左右；在25℃时，消化才加快进行。

竹叶青产生的毒素是血循毒。血循毒的种类比较多，成分复杂。以心血管和血液系统为主，竹叶青产生多方面的毒性作用；其临床表现相当于中医的火热毒症状，故称"火毒"。竹叶青咬人时的排毒量小，其毒性以出血性改变为主，如能及时救治，中毒者很少死亡。

原野上的死神——黑曼巴蛇

中文名：黑曼巴蛇

英文名：Dendroaspis polylepis

别称：黑树眼镜蛇

分布区域：开阔的灌木丛及草原等较干燥地带

　　黑曼巴蛇是非洲最大的毒蛇，以小型啮齿动物及鸟类为食，体型修长，成蛇一般均超过2米，最长记录可达4.5米，头部长方形，体色为灰褐色，由背脊至腹部逐渐变浅。此蛇最独特之处便是它的口腔内部为黑色，当张大口时可以清楚地见到。其上颚前端在攻击时能向上翘起，使毒牙能刺穿接近平面的物体。黑曼巴蛇为前沟牙毒蛇，毒液为神经毒，毒性极强。

　　在非洲，黑曼巴蛇是最富传奇色彩及最令人畏惧的蛇类。它不仅有着庞大有力的躯体、致命的毒液，更可怕的是它的攻击性及惊人的速度。民间传说它在短距离内跑得比马还快，更有传说称一条遭围捕的黑曼巴蛇，几分钟内竟杀死了13个围捕它的人！虽然这只是传说，且先不论是否属实，但黑曼巴蛇的确是世界上速度最快及攻击性最强的蛇类。黑曼巴蛇移动时一般抬起1/3的身体，当受威胁时，它能高高竖起身体的2/3，并且张开黑色的大口发动攻击，身长3米的黑曼巴蛇攻击时能咬到人的脸部。未用抗毒血清的被咬伤者死亡率接近100%！然而，黑曼巴蛇咬人的事并不常见，而且在蛇发出警告时避开或站立不动，就不会有危险。毕竟，攻击人只是在其受到打扰并且忍无可忍的情况下才会发生。一旦黑曼巴蛇发起攻击，任何人都是逃不掉的。

　　世界十大毒王中排名第10的黑曼巴蛇，是非洲毒蛇中体型最长、速度最快、攻击性最强的杀手。它能以高达19千米的时速追逐猎物，而且只需两滴毒液就可以致人死亡。黑曼巴蛇每次可以射出100毫克毒液，其毒液毒死10个成年人还绰绰有余。在30年前，只要是被黑曼巴蛇咬过的人绝对死亡，而如今，被黑曼巴蛇咬过的人如果得不到及时治疗的话，结果将会和30年前一样悲惨。

拥有独特的热成像功能——响尾蛇

中文名：响尾蛇
英文名：Grotalusadamanteus
分布区域：主要分布于美洲

　　响尾蛇因其尾巴能发出流水般的响声而得名。响尾蛇大约有20种，其一般体长1.5~2米，身体呈黄绿色，背部有菱形黑褐斑，末端有一串角质环，这是多次蜕皮后的残存物。当它们遇到危险时，响尾蛇会迅速摆动尾部的尾环，每秒钟可摆动40~60次，并且能长时间发出响亮的声音，致使敌人不敢靠近或被吓跑。响尾蛇的眼和鼻孔之间有颊窝，能灵敏地感受热能，可以用来测

知猎物的准确位置。

响尾蛇尾端的几个角质环节是中空结构，储满了空气，每当其尾巴摇动时，空气就会产生振荡，流水般的声音也由此而来。响尾蛇将身体蜷曲成圆圈时，也常把尾巴竖在中间，以便摇动时能发出声响。野生响尾蛇响环上的鳞片一般都在14片以内，而在动物园里饲养的响尾蛇响环上的鳞片多达29片。

虽然响尾蛇的身体在逐渐长大，但是其外皮却不会随之长大，因此外皮就会相应蜕掉。响尾蛇每次蜕皮，皮上的鳞状物就会被留下来添加到响环上。当它四处游动时，鳞状物会掉下来或是被磨损。不同种类的响尾蛇尾部环节的数量是不一样的，大多数为10~12节。

由于响尾蛇独特的生理结构，使得它靠一种奇特的横向伸缩的方式穿越沙漠，它能抓住松沙，在寻找栖身之所或追捕猎物时行动迅速。所以，当响尾蛇从沙地上穿过时，沙地上就会留下一行行独特的踪迹。

响尾蛇在生活习性上大多是昼伏夜出。白天在洞里休息，或是将自己隐藏在灌木丛中，很难被发现，在夜幕降临后不久便开始捕食。响尾蛇是肉食性动物，喜食蜥蜴、鼠类、野兔、鸟类，也吃其他蛇类。响尾蛇是卵胎生，每次产仔蛇多达8~15条。

响尾蛇有冬眠现象，每年9月下旬，夜间的气温开始下降，这时响尾蛇就会开始"考虑"回巢越冬了。到了10月中旬，响尾蛇会陆续回到巢穴中集群冬眠。随着气温渐渐变冷，这些响尾蛇也就渐渐地开始进入越冬的蛰伏生活。

响尾蛇有剧毒，杀伤力极强，即使已经死去，也还是一样危险。美国的研究报告指出，响尾蛇即使在死后1小时内，仍然能够弹起身体，并袭击敌人。就算切除头部，它仍有咬噬的能力。

人若是被响尾蛇咬伤后，立即会有严重的刺痛灼热感，随即晕厥。根据被咬情况，晕厥时间有可能是几分钟，也有可能是几个小时。恢复意识后，伤者会感觉身体沉重，被咬部位肿胀，呈紫黑色，里面的肌肉已经腐烂；体温升高，并开始产生幻觉，视线中的所有物体都成了褐红色或酱紫色。

响尾蛇的毒液进入人体后，会产生一种酶，使人的肌肉迅速腐烂，破坏人的神经纤维，进入脑神经后会导致脑死亡。

响尾蛇的眼睛虽然又圆又亮，但是它们的视力却很差，加上它们喜欢生活在阴暗潮湿的环境中，所以它们是看不到东西的。那响尾蛇是如何感知周围的环境并作出反应的呢？原来，物体都会向外辐射红外线，蛇的热感受器接收到这些红外线之后，就可以判断出猎物的准确位置并迅速将它们捕获。所以，人们把蛇的热感受器也叫做"热眼"。那么，这个"热眼"是如何帮助响尾蛇"看见"周围东西的呢？

原来，响尾蛇和蝮蛇一类的蛇，它们的"热眼"都长在眼睛和鼻孔之间一个叫做"颊窝"的地方。颊窝一般深5毫米，就像一粒大米大小。颊窝呈喇叭形，喇叭口斜向前，其间被一片薄膜分成内外两个部分。里面的部分有一个细管与外界相通，所以颊窝里面的温度和蛇所在周围环境的温度是一样的。而外面的那部分却是一个热收集器，喇叭口所对的方向如果有热的物体，红外线就经过这里照射到薄膜的外侧一面。显然，这要比薄膜内侧一面的温度高，布满在薄膜上的神经末梢也就感觉到了温差，并产生生物电流，传给蛇的大脑。蛇知道了前方什么位置有热的物体，大脑就发出相应的"命令"，蛇就会马上去捕获这个物体。所以，即使把一块没有生命、烧到一定热度的铁块放在蛇的附近，它们也会马上去袭击。

外表漂亮的蟒蛇——紫晶蟒

中文名：紫晶蟒

英文名：Morelia amethystina

分布区域：主要分布于新几内亚及澳洲东北部

　　或许你曾经在网上或者其他地方看到过这么一张照片：一条巨大的蟒蛇正在吞食一头成年袋鼠，请不要怀疑，这张照片绝对不是PS或者后期制作的，因为照片上的一切会真实地在澳大利亚的大草原上重现，如此强悍的蟒蛇就是紫晶蟒。

　　紫晶蟒是蛇亚目蟒科树蟒属下的一个无毒蛇种，是相当著名的爬虫类动物，它是澳大利亚当地体型最大的蛇类，也是世界上最巨型的蛇类之一。据考证，目前发现的最巨大的紫晶蟒体长超过8.5米，但事实上这么长的紫晶蟒并不多见，在澳大利亚如果发现一条长约5.5米的紫晶蟒，那就可以被称为巨型蟒蛇。紫晶蟒的体色多为棕色，夹杂着橄榄色和暗黄色的斑纹，眼睛较大，头部鳞片较大。因为紫晶蟒的乳白色鳞片在光线下闪耀生辉，故而被形象地称为"紫水晶"。

　　紫晶蟒主要栖息在雨林、林地和稀树大草原中，以在水边区域活动较多。紫晶蟒是夜行型蛇类，具有缠绕性，擅长攀爬，常把后体攀缠在树干上，幼蛇多栖息在大树之上，成年后则多在陆地上活动，也能在水源附近游弋。

　　紫晶蟒多以哺乳类动物如小麇鹿、鸟类、果蝠等为主要食物。紫晶蟒体大，行动迟缓。大多情况下，它是处于静止栖息的状态中捕食猎物的。紫晶

蟒在夜间出来活动捕食时，会突然袭击咬住猎物，并用身体紧紧缠住将其缢死，然后从猎物的头部开始吞入。它们的胃口特别大，一次可吞食与自己体重相当或超过体重的动物，而且具有极强的消化力，除猎物的兽毛外，其余的都可以消化，饱食后可以数月不进食。

紫晶蟒的繁殖期较短，每年的4~6月为繁殖期。在交配的高峰期，紫晶蟒的求偶表现相当积极，有时候还会与同伴展开激烈的斗争。雌蟒每次能产下5~21枚蛇卵，雌蟒会蜷伏在卵堆上，精心孵化这些卵，直至小蟒出生。

蛇中巨人——蟒蛇

中文名：蟒蛇

英文名：Python

别称：南蛇、黑为蟒、金花蟒蛇、印度锦蛇、琴蛇、蚺蛇、王字蛇、埋头蛇、黑斑蟒、金华大蟒等

分布区域：缅甸、老挝、越南、柬埔寨、马来西亚、印度尼西亚

　　蟒蛇属于爬行纲、有鳞目。它是当今世界上较原始的蛇种之一，在其肛门两侧各有一小型爪状痕迹，为退化后肢的残余。这种后肢虽然已经不能行走，但还能自由活动。蟒蛇还是世界上蛇类中最大的一种，长达5~7米，最大体重在50~60千克，属无毒蛇类。现为国家一级重点保护的野生动物。

　　蟒蛇属于树栖性或水栖性蛇类，生活在热带雨林和亚热带潮湿的森林中，为广食性蛇类。主要以鸟类、鼠类、小野兽及爬行动物和两栖动物为食，其牙齿尖锐、猎食动作迅速准确，有时亦进入村庄农舍捕食家禽和家畜，雄蟒有时还会伤害人。蟒蛇为卵生，每年4月出蛰，6月开始产卵，每次产8~30枚卵，多者可达百枚，卵呈长椭圆形，每枚卵均带有一个"小尾巴"，大小似鸭蛋，每枚重70~100克，孵化期60天左右。雌蟒产完卵后，有盘伏卵上孵化的习性，此时若靠近它，极容易受到攻击。

　　蟒蛇是世界上最大的较为原始的蛇类，其体型粗大，具有腰肢退化的痕迹。此外，蟒蛇有成对发达的肺，而较高等的蛇类却只有一个退化肺。蟒蛇尾又短又粗，体表有美丽的花纹，对称排列，成云豹状的大片花斑，在这些

花斑的周围，分布有黑色或白色的斑点。蟒蛇的背面呈浅黄、灰褐或棕褐色，它的体鳞很光滑，体后部有不规则的斑块。蟒蛇的头很小，呈黑色，眼背及眼下长有一黑斑，喉下为黄白色，腹鳞没有明显的分化。蟒蛇具有极强的缠绕性和攻击性。

蟒蛇常以小鹿、小野猪、兔、松鼠和家禽等为食。胃口大，一次可吞食与体重相等重或超过体重的动物，如广西梧州外贸仓1960年收购一条10千克重的蟒蛇，吞食了15千克的家猪。蟒蛇消化力强，除猎获物的兽毛外，皆可消化，但饱食后可数月不食。

蟒蛇是蛇类中的王者，即便是剧毒的眼镜蛇，也会成为成年蟒蛇猎取的对象，其他蛇对成年蟒蛇则构不成较大的威胁。

蟒蛇有极强的缠绕性，常攀缠在树干上，善于游泳。蟒蛇喜热怕冷，适宜在25~35℃下生活，气温20℃时它就很少活动；气温在15℃时，蟒蛇就会进入麻木状态；如果气温继续下降到5~6℃，蟒蛇就会死亡；如果受到长时间强烈的阳光曝晒，蟒蛇也会死亡。气温在25℃以上，蟒蛇就会取食。蟒蛇的冬眠期为4~5个月，到了春季，它就爬出洞穴，日出后开始活动。夏季高温时，蟒蛇常躲在阴凉处，到了夜间，开始捕食。蟒蛇经常会对猎物突然袭击，咬住猎物，并用身体紧紧缠住，直至将猎物缠死为止，然后从头部开始吞食猎物。

庞然大物——森蚺

中文名：森蚺
英文名：Anaconda
分布区域：南美洲亚马逊河流域

栖息于南美洲的亚马逊森蚺是一种体型巨大的蛇，简称森蚺，是蚺科最大的成员。森蚺生性喜水，在泥岸或者浅水中栖息，以水鸟、龟、水豚、貘等为食，有时甚至能吃掉长达2.5米的凯门鳄。森蚺会把凯门鳄缠死，然后整个吞下去，以后几个星期内它不用再进食。

迄今为止，森蚺是地球上发现的最大蛇类，除了南美洲的亚马逊河流域一带外，在巴西、委内瑞拉等国家都曾经发现过这种森蚺。森蚺喜欢温暖潮湿的环境，多在沼泽和河滩地区生活，没有天敌。

通常情况下，亚马逊森蚺最长可达10米，重达225千克以上，粗如成年男子的躯干，但一般森蚺的长度在5.5米以下。大森蚺的身体是墨绿色的。雌蛇平均体长为4米（除眼镜王蛇外，其余蛇或蚺均为雌性体型大于雄性），30~40千克，最长可达6米。

在南美洲委内瑞拉的沼泽丛林中，住着全世界体积最大的森蚺。其最强的武器不是利牙毒液，而是无人能及的力气。它只要蜷曲起身体，就可将被缠住的猎物压个粉身碎骨，连全世界最大的啮齿类动物南美水豚也不能幸免。森蚺还有杀死过凯门鳄、美洲虎、野猪等战斗力相当强的猛兽的记录。

森蚺喜欢生活在沼泽、浅溪和静止的河川中，是亲水性巨蛇。森蚺大部分在夜间活动，不过有时候白天也能看到它在晒太阳。

　　成年森蚺是极可怕的猎食动物，但是幼蚺出生时不过76厘米长。幼蚺是胎生的，有时一胎达70条左右。许多幼蚺都会被凯门鳄吃掉，但是幸存者长大后，就反过来吞食凯门鳄。

第四章

千秋万代——龟鳖目

　　龟鳖目俗称龟，是现存最古老的爬行动物。特征为身上长有非常坚固的甲壳，受袭击时龟可以把头、尾及四肢缩回龟壳内。大多数龟均为肉食性。龟通常可以在陆上及水中生活，亦有长时间在海中生活的海龟。龟亦是长寿的动物，在自然环境下有超过百年寿命的。龟鳖是人类最久远的朋友，然而，却很少有人知道号称"活化石"的龟鳖是动物界中特有的、与恐龙同时代的古老爬行动物，在地球上已生存了两亿多年。

万寿无疆——海龟

中文名：海龟
英文名：sea turtle
别称：绿色龟
分布区域：大西洋、太平洋和印度洋

海龟是海洋龟类的总称，是龟鳖目海龟科的一种。因脂肪呈绿色，又称绿色龟。

海洋世界中躯体最大的爬行动物，当属海龟。一般的海龟，体长在1米左右。其中，体长最大的要算棱皮龟了，它长达2~5米，重约1000千克，被称为"海龟之王"。

海龟有鳍状四肢。海龟上颌平出，下颌略向上钩曲，颚缘有锯齿状缺刻。前额鳞1对。背甲呈心形。盾片镶嵌排列。椎盾5片；肋盾每侧4片；缘盾每侧11片。四肢桨状。前肢长1爪于后肢，内侧各具1爪。雄性尾长，达体长的二分之一。前肢的爪大而弯曲呈钩状。背甲橄榄色或棕褐色，杂以浅色斑纹；腹甲黄色。生活于近海上层。以鱼类、头足纲动物、甲壳动物以及海藻等为食。

海龟有鳞质的外壳，可以在水下一连待上几个小时，但还是要浮上海面调节体温，进行呼吸。龟壳是海龟最独特的地方。它可以保护海龟不受敌害的侵犯，让它们在海底自由游动。除了棱皮龟，其他的海龟都有壳。棱皮龟身上是一层很厚的油质皮肤，上面有5条纵棱。

海龟每年都做定向洄游，从不迷失方向，就连没有出过门的幼龟也能沿

着母龟走过的老路游泳。至于海龟为什么有这个生理现象，目前还没有合理的解释，科学家们正在探索这一奥妙。每年4~6月间是海龟的繁殖旺季，成群结队的海龟从千里之外回到故乡小岛上产卵，每次能产100~200枚，产完卵后把这些卵埋起来，借阳光的温度孵化。2个多月后，小海龟就破壳而出，爬向大海。更让人感到惊奇的是，母龟竟然可以将雄龟的精液贮存4年之久，之后的几年内母龟不再交配也可以产下受精卵，这种本领在动物界是很稀少的。

　　2亿多年前，海龟的祖先就已出现在地球上了。古老的海龟和称雄世界的恐龙共同经历了一个繁盛的时期。后来地球历经沧桑巨变，恐龙相继灭绝，海龟也开始走向衰落。即便如此，海龟还是凭借坚硬的龟壳战胜了大自然带给它们的无数次厄运，顽强地生存了下来。

　　海龟步履艰难地走过了2亿多年的漫长历史征程，依然一代又一代地生存和繁衍下来，可谓是名副其实的古老、顽强而珍贵的动物。

　　另外，海龟还可以说是自然界的老寿星。据《世界吉尼斯纪录大全》记

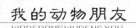

载，海龟的寿命最长可达152年。正因为龟是海洋中的长寿动物，所以沿海人仍将龟视为长寿的吉祥物，就像内地人把松鹤作为长寿的象征一样，沿海的人们也把龟视为长寿的象征，并有"万年龟"之说。

随着生态环境遭到破坏，海龟的数量呈现下降的趋势。目前，海龟已被列为"濒危动物"。

赏心悦目——玳瑁

中文名：玳瑁

英文名：Hawksbill Turtle

别称：十三鳞、瑁、文甲、瑇玳

分布区域：印度洋、太平洋、大西洋的热带、亚热带水域，中国的西沙群岛、海南岛、广东、台湾、福建、浙江、江苏、山东省沿海地区

玳瑁同绿海龟、红海龟有一个明显不同的标志：背甲上各个角质质片呈覆瓦状排列，好像老式房屋屋顶的覆瓦那样，到年老时才逐渐变为平铺状镶嵌排列。背甲上的角质板共13块（四周还有25块缘角板围成一圈），因此又叫它"十三鳞"。

我国沿海产的5种海龟（棱皮龟、绿海龟、红海龟、玳瑁、丽龟）中，要数玳瑁的个头最小。它体长约60厘米，重约45千克。它背甲上的各个盾片呈现出红棕色，并杂有黄白色的云斑，具有光泽，背甲的边缘还有锯齿状的突起，显得十分美丽。腹甲黄色，也有光泽。

玳瑁的头部前端尖，吻侧扁，上颌钩曲，好像老鹰的嘴巴；四肢呈桨状，前肢大，后肢较小；尾短小，通常不露出甲外。它适宜在海中游泳，以鱼类、软体动物为食，有时也吃海藻。

玳瑁在海洋中游得很快，性情凶猛。人们捕捉它的时候，如果经验不足，常常会被它咬伤。

玳瑁背甲雪片的色泽和花纹美观，这使它身价百倍。玳瑁的肉有异味，

还有毒，不能食用，可是它的甲片却是工艺品的原料和贵重的药材。

美丽而经济价值又高的玳瑁背甲，给它招来了杀身之祸。长期以来，一些人为了牟取暴利，滥捕玳瑁，每年平均约有六七万头玳瑁被杀，因而数量急剧减少。如不采取保护措施，玳瑁将面临着灭绝的危险。

我国已将玳瑁列为二类保护动物。现在，这一问题已经引起了世界有关国家的重视，正采取措施加以保护。

稀世珍品——金头闭壳龟

中文名：金头闭壳龟
英文名：Golden-headed Box Turtle
别称：金龟、夹板龟、黄板龟
分布区域：中国安徽南陵、黟县、广德、泾县等皖南地区

金头闭壳龟是我国特有的观赏龟类中的极品之一。

金头闭壳龟体型和色泽优美，头型细长，背甲上有类似古代福、禄、寿、喜的图案文字，雄性背甲长为7.5~13厘米，雌性为10~16.5厘米。雄性背甲平扁，雌性背甲隆起。中线有一嵴棱，腹甲大，前端圆出，后端微缺，以韧带与背甲相连，腹盾间亦有韧带，腹前、腹后两半可完全闭合于背甲。肛盾沟最长，胧盾沟最短。其金黄色的头面，淡黄色的细长头颈，金黄色的纤细四肢，在黄色腹甲上分布着呈对称排列的大黑斑，眼较大，喉部、颈部、腹部都呈金黄色。四肢背部为灰褐色，腹部为金黄色，指、趾间具蹼，前肢5爪后肢4爪。尾灰褐色，上方有三条白色线条。雄性尾巴粗长，雌性短而小。

金头闭壳龟生活于丘陵地带的山沟或水质较清澈的山区池塘内，也常见于离水不远的灌木草丛中。饲养条件下，可食小鱼、小虾、螺肉、蝌蚪等，兼食少量植物。产卵期为7月底到8月初，每年产卵1次，可分两批产出，每批产2枚。卵乳白色，椭圆形，长3.9~4.1厘米，宽2~2.2厘米，重12~14.8克。60天左右孵出小龟。金头闭壳龟胆子大且颇通人性，有时在主人喂食前后，它会爬过来同主人嬉戏或跟着主人爬行，饱餐之后频频向主人点头。

雄龟的体重只要达到120克以上，就表明已经性成熟，就会追逐雌龟，但是优良的种龟需要达到150克以上。北方饲养者认为，体重达到或超过150克的海龟，都没有求偶行为，这样的海龟好像是没有成熟，这是因为北方冬季温度很低，饲养者通常都采用加温饲养法，因此，龟不仅不能进入冬眠状态，而且还会不断进食。科学研究表明，未冬眠的龟内分泌系统紊乱，促性腺激素的分泌不足或不分泌，这样就会出现龟的体重不断增加而性腺发育缓慢或不发育的现象，所以龟的体重即使达到或超过150克，也仍然不会发情。

每年4、5月和9、10月，是雌金头闭壳龟的发情期，雄龟则除了冬眠期以外，其他任何时间都可以发情，但能否交配成功，关键在于雌龟是否发情。因为雌龟的体型远远大于雄龟（成年雄龟最大300克左右，过度肥胖除外），如果雌龟拒绝交配，雄龟也无可奈何。雄雌鬼的交配行为总是雄龟主动，经常发生在水中。雄龟发情时，会伸长脖颈慢慢游向雌龟，靠近时突然翻爬到雌龟背上，伸长四肢，并抓牢雌龟背甲前后缘。雄龟的头颈尽力前伸并张嘴咬住雌龟颈部的皮肤，有时甚至还会咬住雌龟头部的皮肤，直到咬得皮破血流，仍不松口。此时，雌龟会惊慌地左躲右闪，想把雄龟掀下身来，但雄龟却越抓越紧，丝毫不放松。如果雌龟没有发情，就会一直挣扎下去，直到雄龟力竭身退，这一过程会长达45分钟以上。如果雌龟发情，挣扎仅持续几分钟的时间，然后雄龟便会松口，身体就会后移，直到尾基部能对准雌龟的泄殖腔，伸入紫黑色的阴茎，开始交配。此时，雄龟就不得不松开前肢，但后肢仍紧紧扣在雌龟背甲后缘两侧，身体斜立在水中，借助浮力保持平衡，进行交配。雌龟趴在水底，伸长脖颈，头僵硬地扭向一侧，好像是因动情而陶醉。这个过程可持续5~10分钟，然后，雌龟就会用后腿把身后的雄龟蹬开，并游走。被蹬开后的雄龟阴茎往往会露在体外，有时还会从雌龟体中带出一些精液，但短暂的几秒钟后，阴茎就会自行收回体内。阳光是否充足、水源是不是充分、食物中的蛋白质和钙质及多种维生素含量是否丰富、饲养环境是否足够大，这些都会影响雌龟的发情。

金头闭壳龟的野生自然资源极稀少，据估计，全国野外生存及家庭饲养的总数目前可能不超过1000只。世界自然保护联盟分析，其已达到极危程度，成熟个体数持续衰退，处于濒危状态。

深山老林——三线闭壳龟

中文名：三线闭壳龟

英文名：Chinese Three-striped Box Turtle

别称：金钱龟、金头龟、红边龟、红肚龟、断板龟、川字背龟

分布区域：中国海南、广西、福建、广东省，越南、老挝等国家

三线闭壳龟是一种水栖龟类。其头部大小适中，成体体长20~30厘米左右，体重2~2.5千克。头背部皮肤光滑，色泽蜡黄；喉部、颈部呈浅橘红色，头侧眼后有近菱形的褐斑块；背甲红棕色，有三条黑色纵纹，似"川"字；腹甲黑色，边缘部分黄色；腋窝、四肢、尾部的皮肤为橘红色。体呈椭圆形，前部窄于后部。腹甲与背甲略等长，前缘平，后缘凹入，胸、腹盾间以韧带相连，前后两叶可动，并能向上关闭背甲。头、尾、四肢均可缩入甲。它的背甲相对低平，四肢较扁，指（趾）间有膜。同其他闭壳龟一样，三线闭壳龟的背甲和腹甲也通过韧带相连，而且腹甲又分胸盾和腹盾前后两叶，遇到危险时，提起腹甲，收紧胸盾和腹盾，可使整个龟壳完全闭合。雌龟个体明显大于雄龟，最明显的特征是雌龟尾短而细，生殖孔靠近腹甲后缘；而雄龟尾长且粗，生殖孔超出腹甲后缘一段距离。

三线闭壳龟喜欢阳光充足、环境安静、水质清澈的地方。在自然界多栖息于溪流小河旁，并在水边灌木丛中挖洞做窝。喜群居，有时一个洞穴中会有七八只龟。

三线闭壳龟是以肉食为主的杂食性龟类，在水中多捕食小鱼虾、蝌蚪等。在岸上则以各种昆虫、蜗牛、蚯蚓为食，有时也吃些瓜果、菜叶。

　　三线闭壳龟没有发声器官，在发情季节，雄龟和雌龟各自分泌一种特殊气味，以招对方。雄龟好动，有追逐异性或同性龟的爱好，特别是在交配季节，会咬住雌龟的脖子并爬在其背甲上进行交配。产卵季节为每年的5~9月，其中以6~7月为盛，极个别龟在温暖的冬季也会产出卵子，但均不能受精。三线闭壳龟常在夜间产卵，一般一年只产一次卵，但个别龟会产两次卵。每次产卵约5~7枚。受精卵借助太阳光的热量孵化。在自然界中由于环境多变、敌害较多，孵化率往往很低。人工养殖三线闭壳龟大都是集中收卵，统一孵化。一般孵化环境温度在33~35℃，泥沙含水量12~16%。孵化期为60天左右，浮化率可达90%以上。

　　由于环境的破坏及人为的过度利用，野生三线闭壳龟已极其稀少，除部分深山老林外，平原丘陵地区早已绝迹。

性情凶暴——鳖

中文名：鳖

英文名：AmydaSincnsis

别称：水鱼、团鱼

分布区域：亚洲、非洲、美洲的淡水和湖泊中

鳖属爬行纲，龟鳖目，鳖科。这类动物很能适应水中的生活，指（趾）间的蹼很发达，在水中动作很敏捷，而且游得飞快。

鳖的外形为椭圆形，与龟相比，更扁平。从外形颜色看，鳖的背际和四肢通常呈暗绿色，有的背面浅褐色，腹面白里透红。其头像龟。其背腹甲上生着柔软的外膜，没有乌龟般的条纹，也比龟的背甲软。周围是柔软细腻的裙边。肢各生五爪。头颈和四肢可以伸缩。

鳖甲壳扁平，背甲表面的角质没有鳞板，甲壳的上骨板覆盖着一层皮革质的皮肤，非常柔软。背甲和腹甲之间有韧带相连。鳖的下颌看似很柔软，但却非常有力，可以轻易地咬碎贝类。白天，它们多潜在水底的泥沙中，有时为了呼吸，它们会伸出长长的脖颈，将管状的吻部伸出水面，但大多数种类的鳖是利用甲壳的褶状皮肤或泄殖腔附近的皮肤进行呼吸。

鳖是凶猛的肉食主义者，主要在水中捕食贝类、蛙类、螯虾、小鱼以及各种水生昆虫等。鳖既贪食又耐饿，一次进食后很长时间不吃东西，也不会死亡。当然，这是靠它自身积蓄的营养来维持生命活动的，在人工养殖时一定要供给它充足的食物，以加快它的生长。鳖食蚯蚓、动物内脏等，同时也

兼食蔬菜、草类、瓜果等。在食物不足时，同类可互相残食，亦可摄食动物尸体。

　　鳖的性情很凶暴，当有东西靠近它时，会马上咬向对方。如果遇到袭击，更是立刻作出反应，采取主动的攻势咬向袭击者。

安于享乐——中华鳖

中文名：中华鳖

英文名：Soft-shell Turtle

别称：鳖、甲鱼、元鱼、王八、脚鱼等

分布区域：中国除宁夏、新疆、青海和西藏外的大部分地区，日本、朝鲜、越南等国家

中华鳖形似龟，体近圆形，比较扁薄；身体暗绿色，无黑斑，无疣粒；腹部灰白，有的鳖呈黄色，颈部无瘰疣；背甲为暗绿色或黄褐色，周边为肥厚的结缔组织，俗称"裙边"；尾部较短，四肢扁平，后肢比前肢发达；前后肢各有5趾，趾间有蹼；内侧3趾有锋利的爪。四肢均可缩入甲壳内。

中华鳖是冷血动物，生活在江河、湖沼、池塘、水库等水流平缓、鱼虾较多的淡水水域，也经常在大山溪中出没。安静、清洁、阳光充足的水岸边，中华鳖活动较频繁。有时，中华鳖会登上岸，但是不会远离水源。中华鳖既能在陆地上爬行、攀登，又能在水中自由游动，它既喜欢晒太阳，也喜欢乘凉。

中华鳖4~5岁时达到性成熟，一般4~5日在水中进行交配，待20天产卵，多次性产卵，至8月结束；通常，首次产卵仅4~6枚。体重在500克左右的雌性可产卵24~30枚。5龄以上的雌鳖一年可产50~100枚；雌性在繁殖季节一般可产卵3~4次。卵为球形，乳白色，卵径15~20毫米，卵重为8~9克。其选好产卵点后，掘坑10厘米深，将卵产于其中，然后用土覆盖压平伪装，不留痕

迹；经过40~70天地温孵化，稚鳖破壳而出，1~3天脐带脱落入水生活；卵及稚鳖常受蚊、鼠、蛇、虫等的侵害。其产卵点一般环境安静、干燥向阳、土质松软，据研究观察，其距离水面的高度可准确判断当年的降雨量。中华鳖的寿命可达60龄以上。

鳖中之王——鼋

中文名：鼋

英文名：Asian giant softshell turtle

别称：蓝团鱼 、银鱼、绿团鱼、癞头鼋、鳖斑

分布区域：中国湖南、江苏、浙江、福建、广东、海南、广西等省

鼋在我国历史上早有记载。《录异记·异龙》中有："鼋，大鳖也。"《尔雅翼·鼋》中也说："鼋，鳖之大者，阔或至一二丈。"周穆王出师东征到达江西九江时，曾大量捕捉鼋等爬行动物来填河架桥，留下了"鼋鼍为梁"的成语故事。东汉时的许慎在《说文解字》中也指出："甲虫惟鼋最大，故字从元，元者大也。"

鼋是淡水龟鳖类中体型最大的一种。体长80~120厘米，体重约50~100千克，最大的超过100千克。鼋外形像龟，生活在水中，头部很小，吻突极短。它们的背甲为暗绿色，近似圆形，长有许多小疙瘩；前缘及裙边光滑，腹甲平滑，腹面为白色，四肢不能缩入壳内；蹼发达，适于在水中游泳；尾巴很短，不露出裙边。

鼋生活在缓流的江河湖泊中，平时喜欢栖息在水底，钻到泥沙里面隐藏自己。鼋是夜行性动物，白天休息，晚上游到浅滩觅食蛙、虾、鱼、螺、蚬等动物。它们的食量很大，吃饱一次之后，可以半个月内不再进食。若被人类生擒，常常10~20天绝食抗议，而且还会将已吞下的食物统统吐出。

鼋在捕食时，会潜伏于水域的浅滩边，将头缩入甲壳内，仅露出眼和喙，

待猎物靠近时，再伺机而动。鼋不仅能用肺呼吸，还能用皮肤甚至咽喉进行呼吸，这种特殊的生理功能确保了鼋可以长期在水底生活，甚至冬眠。在夏秋季节，鼋会每隔一段时间就浮出水面进行换气。每年11月，鼋都会准时开始在水底冬眠。鼋的冬眠时间很长，达半年之久，一直到第二年的4月才会醒来。

　　鼋在每年春季和夏季交配繁殖，雌性大多会在夜间上岸，到向阳的沙土地上掘穴产卵，每次产卵数十枚不等，然后用沙土盖好，还要在上面爬上几圈，使地面变得平整如初。一切完成之后，鼋就会从另一条路返回水中。它们的卵靠自然温度孵化，40~60天孵化出幼体。幼体出壳之后便会自行爬到水中，先在浅水地带活动和觅食，当体重达到1.5千克时再游到深潭中，俗称"沉潭"。体重长到大约15千克时达到性成熟。

　　鼋对于汛期内江水的涨落极为敏感，甚至能够预知当年洪水的水位高低。如果它感觉洪水将会比较大，就会将卵产于岸边的高处，反之，就产卵于地势较低的地方。人们了解了鼋的这一习性后，借此来判断当年洪水的大小，以便提早制订防汛的计划和措施。

因为鼋的头颈后部常有疣状突起，所以在我国民间，它们还被称为"癞头鼋"。人们普遍认为鼋十分凶猛，会伤人。其实，鼋很少主动对人类进行攻击。在水面上漂浮不动的人，鼋有时会将其误认为"尸体"而进行撕咬，但在水中游泳的人却从未有被鼋咬伤的事情发生。事实上，鼋偶尔有伤人的现象并非出于本性，而主要是为了自卫，尤其是对那些怀有恶意并在岸上围困和捉弄它们的人，只要一口咬住，它们就不会轻易松口。

由于人们长期进行大肆捕杀，加上生存环境的变化，致使鼋的数量急剧减少。目前，除浙江的瓯江还有少量鼋的分布外，其他地区已经十分罕见了，据估计野生鼋的总数已经不足200只了。

智勇双全——鳄龟

中文名：鳄龟

英文名：Alligator Snapper

别称：鳄鱼龟、大鳄鱼龟

分布区域：北美洲、中美洲

在美洲的淡水水域里，生活着两种世界著名的鳄龟：一种叫普通鳄龟，产于中美洲和北美洲；另一种叫大鳄龟，只产在北美洲。这两种龟的共同特点是，体型巨大笨重，头和脚都不能缩进龟壳，这在龟类中是比较少见的。它们性情凶恶，可以用强有力的上下颌咬断人的指头或铅笔等。

大鳄龟的体躯硕大，成年龟体长可以到75厘米，重达100千克，比一个大胖子还要重，是世界上最大的一种淡水龟。为了测试这种巨龟的力气有多大，动物学工作者曾经做过这样一个试验：一个体重75千克的男子，站立在一只体重只有47千克的大鳄龟的背甲上，这只龟能够驮着人，在地面上爬行很长一段路程，而且显出毫不吃力的样子。可以想象出来，一只体重100千克的大鳄龟，背甲上可以驮两个成年人。

大鳄龟不仅巨大，而且长相十分奇特。其嘴巴前端的上下颌呈钩状，好像老鹰的嘴形，这是强大的捕食武器；背甲很大，上有三条纵行的脊棱，边缘有许多齿状突起，好像锯子似的；眼睛长在口的侧面，头侧、颏上和颈部长有许多皮突，很像癞蛤蟆身上的疙瘩，模样怪吓人的。它的舌头上长有一个鲜红色、分叉的蠕虫状肉突，肉突的中间是一个圆形肌肉，同舌头相连，两端能够自由伸缩活动。它的尾巴又细又长，坚硬得好像钢鞭一样。

　　大鳄龟生活在河流、沟渠、湖泊、池塘、沼泽地等处，只要它能够捕获、征服和吞咽的任何动物，都是它的食料。它的捕食本领出众，既能够主动出击，又能够"诱食上门"。它在水中缓慢游动的时候，常常处在准备攻击的状态，好随时随地用自己强有力的钩状颌去猎取鱼类、水鸟、水蛇、螺、蛤、蝲蛄（小龙虾）、蠕虫和其他水龟等动物。

　　大鳄龟很少登陆。每当繁殖的季节，雌鳄龟才爬上陆地，挑选一个合适的地方，筑窝产蛋。一次产蛋40多枚，呈圆形，比较平滑。经过100~108天的孵化期后，小龟破壳而出。小龟逐渐长大，变得十分顽皮，常常用尾巴缠绕住岸边垂下的枝条，可以倒挂几秒钟到几分钟，活像一个小杂技演员。

　　野生的大鳄龟性情十分凶猛，常常会把游泳的人脚趾咬断。据称，有一个印第安人曾经在湖中发现过被大鳄龟咬死的人尸。可是，人工饲养的大鳄龟经过人们的驯化，却变得十分温顺，绝不会伤害人。

巨人陆龟——阿尔达布拉象龟

中文名：阿尔达布拉象龟

英文名：Aldabra Elephant Tortoise

分布区域：阿尔达布拉群岛、塞舌尔群岛

阿尔达布拉象龟是最大的陆地龟，也被称为"巨人陆龟"。阿尔达布拉象龟长着暗灰色的厚甲壳，四肢表面覆盖着坚韧的鳞片，脖颈非常长。它有很强的耐饥饿的本领，即使没有食物或淡水，也能生活好几个星期。

阿尔达布拉象龟原生于印度洋的阿尔达布拉群岛，此群岛位于非洲东岸马达加斯加岛的北方。这个区域曾经分布有18种象龟，但在18~19世纪间大量灭绝，只剩下唯一的阿尔达布拉种。这也是第一只受国际保护的陆龟，也是世界上最大、最长寿的陆龟。

阿尔达布拉象龟的寿命可以超过100年。它的成熟与否并不取决于年龄，而是取决于个头的大小，个头越大，就说明个体发育得越完全。

阿尔达布拉象龟有一个奇特的本领，它喝水是用鼻子的。因为它的鼻腔与食道相通，中间有块特殊的安全瓣膜，喝水时会自动关闭，以防将水吸入肺里。

早晨天气比较凉快，是阿尔达布拉象龟的早餐时间。因为它们不能调节自身的体温，热辣的阳光会对它们造成伤害，所以中午时分，它们都躲在阴凉处乘凉，然后再美美地睡上一觉。多惬意的生活啊！

阿尔达布拉象龟在海中交配，在陆地上产卵。它们生性小气，好嫉妒，

看到其他龟交配时，它们就会在四周徘徊，趁机捣乱。

阿尔达布拉象龟能适应人工养殖的环境，任何植物类食物都能接受，个性温和。雄龟可长到130厘米以上，重达250千克，只有用吊车才能移动它。雌龟较小，约90厘米，一次可产下9~25颗网球般大的蛋，约98~200天孵化。

阿尔达布拉象龟是最早被人类保护的动物之一。1874年，达尔文曾向当地政府建议保护阿尔达布拉象龟，并得到响应。

长途跋涉——加拉帕戈斯象龟

中文名：加拉帕戈斯象龟

英文名：Galapagos Giant Tortoise

别称：加拉帕戈象龟

分布区域：厄瓜多尔的加拉帕戈斯群岛

加拉帕戈斯象龟是体型最大的陆龟。加拉帕戈斯群岛位于距离南美洲厄瓜多尔本土约1000千米以外的太平洋海域上。1535年，巴拿马前往秘鲁的船只，在航行途中无意间发现加拉帕戈斯群岛。"加拉帕戈斯"，西班牙语意为"乌龟"。岛上除了拥有珍稀的特有鸟类，还有濒临绝种的独特爬虫类象龟及海、陆鬣蜥。加拉帕戈斯群岛是海中火山岛，从未与任何陆地有连接，因此所有的动植物都是由原生种衍生出来的。岛上的动植物种类虽不算多，但多数是演化出的特有种，几乎所有的植物群、爬虫类及大部分的陆鸟种类都只能在加拉帕戈斯群岛看到。

加拉帕戈斯象龟背甲有较高隆起，头顶长有对称大鳞，头骨短，鳞骨没与顶骨相接，额骨可不入眶，眶后骨退化，有的几乎消失；方骨后部封闭，完全包围了镫骨；上颚骨几乎和方轭骨相接，上颚咀嚼面有或无中央脊。加拉帕戈斯象龟的背腹甲通过甲桥以骨缝牢固连结。其四肢粗壮，圆柱形。指、趾骨不超过2节，有爪，无蹼。无臭腺。

加拉帕戈斯象龟长1.2米，成年象龟雄性比雌性的大，成年雄性体重为272~320千克，而雌性则为136~180千克。能活到200岁。加拉帕戈斯象龟头大，颈长。具椎盾5片；肋盾每侧4片；缘盾每侧9片，前后缘为锯齿状，向上微微

翘起；颈盾1片；臀盾单片，较大。四肢粗壮，呈柱状。背甲、四肢和头尾为土黄色至青黑色，有的加拉帕戈斯象龟椎盾和肋盾都有不规则黑斑，皮肤松皱。

加拉帕戈斯象龟为草食性动物，经常吃的植物有树叶、果子、杂草及仙人掌，水分来源主要是雨水及仙人掌。有些象龟栖息在较干燥的岛上，遇到干旱季节可以长时间地休眠，不吃不喝可达一年之久，生命力极强。它的行动非常缓慢，每小时只能移动260米。

加拉帕戈斯象龟属于变温动物（冷血动物）。因此，天亮后加拉帕戈斯象龟要吸收太阳的热量，每天要晒1~2小时的太阳，每天觅食要用8~9个小时，主要在清晨活动和行走，傍晚休息。加拉帕戈斯象龟的行走速度是每小时0.3千米。它们休息时，有时会在雨水形成的泥浆坑中打滚，这可能是在凉爽的夜晚，保护身体免受蚊子和蜱等寄生虫的叮咬的一种方法。而寄生虫在松散的土壤尘浴中也会被消灭掉。

加拉帕戈斯象龟会随着季节的变化、繁殖期或雨季的变化而迁徙。它们常在沿岸与山区之间迁徙。每年的1~8月，加拉帕戈斯象龟就会开始求偶，它们会通过彼此的竞争来取得交配的权利，因为雌龟只会选择强壮的雄龟来繁殖后代。这些大型陆龟种类自幼龟发育到成熟阶段，在野外可能需要40年的时间，人工饲养也需要20~25年。雌龟为了产卵繁殖后代，会从高海拔地区迁徙至沿岸区域。

星斑纹身——印度星龟

中文名：印度星龟

英文名：Indian star tortoise

别称：印度星斑陆龟

分布区域：印度、巴基斯坦、斯里兰卡

印度星龟主要生活在半干旱、布满荆棘的草原中，喜欢栖息在平坦的草地上，在一些降水量较大的地区也能发现它们的踪迹。它们喜欢吃水果类、多刺仙人掌、茎叶肥厚的植物和蓟。印度星龟产自印度内陆，不能冬眠。

印度星龟是卵生繁殖。雌龟每年产卵2~3次，每次可产5~7个卵。在29~30℃温度下，最适合印度星龟孵化，时间约为100天。交配后1~3月，母星龟就开始变得焦虑不安，四处活动，这是即将产卵的征兆。此时，母星龟会在龟窝中到处挖洞，寻找最适合的产卵场所。选好场所后，母星龟便会爬上产卵区用后脚挖洞，这通常会在傍晚进行。印度星龟真正产卵应该在午夜。每产下一卵就会填回沙土，一般的情况下，产卵2~8个。也有下一颗蛋的时候，当产完时，母星龟就会填回无菌土，把产下的蛋埋在土中。

印度星龟雌雄的辨别很容易，雄性体型较小而狭长、腹甲凹陷明显，雌龟体型宽大、腹甲平坦；雄龟的尾巴粗大，雌龟的尾巴则肥短。

印度星龟也是象龟科中最小的种类。有趣的是，它们与豹龟竟然是近亲。根据花纹的粗细，又可把星龟分为印度星龟与斯里兰卡星龟。前者星纹线条较细且头尾粗细相同，后者线条较粗且末端会放大。米字星纹在原产地属于

保护色，置身干草丛中的星龟很难让掠食动物发现。它的名称就是由于它背甲上每一个鳞甲都有一个星星图案而得。星龟棒状的四肢为典型陆龟四肢，故有相当多的时间在爬行与挖掘。成龟背甲的正常凸起十分明显，与一般的隆背略有不同。星龟也是比较需要水分的种类，因此幼龟最好能每天水浴并经常晒太阳。

长相奇特——猪鼻龟

中文名：猪鼻龟

英文名：Pig-nosed turtle

别称：飞河龟

分布区域：澳大利亚北部、伊里安查亚南部和新几内亚南部

猪鼻龟是两爪鳖科中仅存的一个品种。

猪鼻龟是长相最为奇特的淡水龟之一。成龟背甲的长度一般可达46~51厘米，体重一般在18~22千克。猪鼻龟背甲较圆，呈深灰色、橄榄灰或棕灰色，近边缘处有一排白色的斑点；边缘略带锯齿，外缘骨骼发育良好，结构完整，没有像鳖那样的裙边；它没有盾片，取而代之的是连续并且略带皱褶的皮肤；背甲正中有一列刺状嵴；腹甲为白色、奶白色或淡黄色，颜色较浅，略呈十字形；头部大小适中，却无法缩入壳内，这是猪鼻龟与其他龟类的不同之处。眼睛的后方有一条灰色的条纹。为了适应水生生活，猪鼻龟的四肢退化为鳍状，不能缩入壳中。在每一侧前肢的近中点处都有两枚明显的爪甲，这也是猪鼻龟的特征之一。

猪鼻龟的尾部偏短，背面覆盖着一列新月型的鳞片，这些鳞片从尾巴的基部至尖端逐渐缩小。尾部下方的两侧长有明显的皮肤皱褶，经大腿根一直延伸到后肢。成年雄龟的尾部比较长大，泄殖孔的位置也比较靠后；而雌龟性的尾部则较短小。

猪鼻龟除了产卵以外，常年生活于水中，属于高度水栖。因此，它的四

肢和海龟的鳍状肢很相似，这在淡水龟类中是极为稀少的。猪鼻龟鼻部长而多肉，形似猪鼻，因此有了"猪鼻龟"的称号。猪鼻龟可以长期生活在深水中，极少上岸，因此是龟类中的"游泳高手"。猪鼻龟泳姿矫健优雅，善于倒游。成年的猪鼻龟十分好斗，如果在饲养中没有足够的藏身地，它们就会在彼此的背甲皮肤上留下累累伤痕。猪鼻龟在饮食方面，是十足的"机会主义者"，遇上什么就吃什么。除非营养特别匮乏，否则它们很少会主动捕食。

野生猪鼻龟的食性很杂，小鱼、小虾、水生昆虫、水生植物以及从树上掉落水中的果实与枝叶，都可以成为它们的食物。猪鼻龟的食物偏向于植物，因此平时可投喂蔬菜、无花果、苹果、几维果和香蕉等水果，或者添加少量的鱼虾等动物性食饵。

猪鼻龟分布狭窄，地处偏僻。典型的栖息环境包括河流、河口、泻湖、湖泊、沼泽和池塘等。大部分猪鼻龟都发现于深度在1.8米以上，底部有沙和砂砾，并覆盖着淤泥的淡水水域中，而这些水域的沿岸都是茂盛的森林。极少数的情况下，猪鼻龟也会出现在咸水湖中。

没有龟壳的龟——棱皮龟

中文名：棱皮龟

英文名：Leatherback Turtle

别称：革龟、七棱皮龟、舢板龟、燕子龟

分布区域：热带和亚热带温暖水域

棱皮龟与一般的龟类不同，它没有甲壳状的龟壳，取而代之的是以整块皮质革包裹周身，皮质革壳的背面有7条隆起的纵棱，可保留终生。腹部有5条纵棱，随着岁月的增长可能会逐渐消失。棱皮龟因其背上的纵棱而得名。因此，棱皮龟是海龟中最容易辨别的种类。

棱皮龟四肢呈鳍足状，无爪，前肢很长，后肢较短，尾短。它们的体背呈漆黑色或暗褐色，微带黄斑，腹面色浅。棱皮龟皮肤较光滑，身上没有鳞片、爪或盾板等构造，只有柔软的革质皮肤。棱皮龟全长可超过2米，体重可达500~1000千克，是现存龟鳖类中体型最大的，也是动物中潜水最深及旅行最远的海龟。棱皮龟广泛分布于太平洋、大西洋和印度洋，在我国沿海各省也均有分布。

棱皮龟在大海中生活，以海为家，因而四肢演变为巨大的桨状，有助于在水中游泳。它们在陆上步履蹒跚，但在水中却灵活自如，时速可达32千米。每年的5~6月是棱皮龟的繁殖季节，雌、雄龟在水中交配，雌龟上岸产卵，每次产卵90~150枚。产完卵后，它们会挖穴将其掩埋，靠日光照射自然孵化，65~70天后小龟便会破壳而出。

棱皮龟善于游泳，常以虾、蟹、鱼类、软体动物、海藻等为食。棱皮龟喜欢吃水母，也常常会把海面漂浮的塑料袋或者其他垃圾当做食物来吃，但它并不知道这种垃圾不同于它平时食用的海洋生物，如此一来，导致大量的棱皮龟死于"白色垃圾"。除此之外，人类的大肆捕捞和海面飞速行驶的船只对棱皮龟数量的减少都有直接的影响。

马来西亚是棱皮龟的主要产卵地，马来西亚人喜食棱皮龟卵，所以每到棱皮龟的产卵季节，人们便会赶往海滩争相挖取，这对棱皮龟的生存繁殖是相当不利的，也导致了棱皮龟濒临灭绝的现状。

山涧精灵——地龟

中文名：地龟

别称：枫叶龟、黑胸叶龟、长尾山龟、泥龟

分布区域：主要分布于中国和越南

　　地龟在我国主要分布于广西、广东、湖南等地。地龟生活于山区丛林、小溪及山涧小河边。

　　地龟体型较小，成体背甲长仅120毫米，宽78毫米。其头部呈浅棕色，较小，背部平滑，眼大且外突；背甲金黄色或橘黄色，中央具有三条嵴棱，前后缘均具齿状，共十二枚，故称"十二棱龟"；腹甲棕黑色，两侧有浅黄色斑纹，后肢呈浅棕色，常散布有红色或黑色斑纹；甲桥明显，背腹甲间借骨缝相连；趾有间蹼，尾细短。雌龟的腹甲平坦，尾短，泄殖孔距腹甲后缘较近；雄龟的腹甲中央凹陷，尾长且粗，泄殖腔孔距腹甲后缘较远。

　　野生地龟的食性并没有明确的记载，它们在野外吃什么也没人具体研究过。在人工饲养条件下，每只地龟的食性不同，其食性由龟所处的野外生态环境决定。地龟喜欢吃各种鲜活的小虫子，例如蚯蚓、蟋蟀、面包虫等生物。地龟对维生素和矿物质的摄取要求很高，将墨鱼骨放在饲养箱中可以为它们补充大量的钙质。

亚洲第一龟——亚洲巨龟

中文名：亚洲巨龟

别称：亚巨

分布区域：主要分布于缅甸、泰国、柬埔寨、越南南部和马来西亚

亚洲巨龟是硬壳、半水栖性的动物，是体型最大的亚洲水龟中的一种。头部呈灰绿色至褐色，点缀黄色、橙色或粉红色的斑点；背甲长度达435毫米，呈灰褐色，高耸成拱形，后端为锯齿状，中央有明显突起的脊棱；暗黄色的腹甲上，每块盾片均有光亮的深褐色线纹，组成显著图案；趾间有蹼；雄性巨龟的腹甲微微向内凹陷，尾部比雌性巨龟要长且粗。通常栖息在河流、溪涧、沼泽、湖泊及湿地等处。

亚洲巨龟属于杂食性动物，以植物为主。在自然界中，它们大多吃素。在人工饲养过程中，则偏向杂食。我们可以用蔬菜和水果混合商品龟粮作为它们的主食。它们喜欢吃甜瓜、香蕉、芒果、地瓜、南瓜和胡萝卜，也喜欢吃混合蔬菜色拉、切成片的水果、蚯蚓、幼鼠、瘦牛肉和高质量的罐装猫食等食物。

游泳高手——日本石龟

中文名：日本石龟
英文名：Japanese Pond Turtle
分布区域：日本广岛

日本石龟是有名的游泳高手，主要活动在日本国内的小溪、河流、沟渠以及其他的水域中。它们经常出没于山间的小溪和池塘内，尤其在水流湍急的地方最活跃。日本石龟在整个广岛都有栖息地。

日本石龟体色大致为棕色，头部的颜色稍稍淡于体色，头部的两侧与颈部周围都长有黑色的小斑点；只能看到一条嵴棱，棱突起的地方能够看到一条浅色的黄条纹，有的龟可能没有；背甲后沿为锯齿状；背部具有特征性的年

轮，非常清晰，还带有发散状的沟渠形成的精致纹络；四肢和尾巴的两边带有菊色和暗橙色的条纹。雌龟的体型大于雄龟，但雄龟的尾巴较长。

日本石龟是杂食性动物，但它们偏爱肉食。昆虫、蠕虫、蜗牛、小虾、饲料鱼、猫粮狗粮等都是它们喜欢的食物，它们也会吃一些水生植物，如绿叶、蔬菜和水果。冬眠的时候会卧在溪涧或池塘的底部。

日本石龟喜欢在干燥的环境下产卵，一般可产下4~10枚卵，而每季它们能产1~3次。卵的孵化期为3个月左右。它们产的卵经常会被浣熊、鼬鼠和四纹蛇等动物吃掉。

素食主义——安哥洛卡象龟

中文名：安哥洛卡象龟

英文名：Angonoka Tortoise

别称：马达加斯加陆龟

分布区域：非洲马达加斯加海岛西北部

　　安哥洛卡象龟是食草性动物，生性孤僻，生活在干燥的热带草原或海岸附近草原的矮林环境，对环境的变迁十分敏感，对食物的种类也十分挑剔，平时躲藏在草丛或灌木丛中。

　　安哥洛卡象龟最大体长可以达到44.6厘米左右。它的背甲呈显著的圆顶状，椎盾为黄褐色，肋盾为深绿色。有暗褐色三角形斑纹分布于每一缘盾前缘，有一枚喉盾特别突出。

　　安哥洛卡象龟中的雌龟每窝可以下3~6个蛋，一季产4~5次，要经过170~300天才能孵化。刚孵化出来的安哥洛卡象龟只有一个乒乓球那么大。当它们从巢里钻出地面的时候，它们就开始完全独立地生活了。

　　安哥洛卡象龟是马达加斯加特有的动物，马达加斯加人为拥有安哥洛卡象龟而骄傲。马达加斯加人认为，谁要是吃了安哥洛卡象龟，就会走霉运。由于岛上并无安哥洛卡象龟的天敌存在，因此，它们通常并不挖洞栖身，而是躲藏在草丛或灌木丛下。现在，马达加斯加人已经开始注重保护安哥洛卡象龟。目前，安哥洛卡正在为生活在世界上最贫穷的国家之一的马达加斯加入提供帮助，以解决安哥洛卡象龟的生存环境问题。

　　对安哥洛卡象龟来说，栖息地的逐渐减少是它濒危的最主要的威胁。因为大火，它们赖以生存的森林正在逐渐消失。马达加斯加农民用放火来促进作为牛饲料的牧草生长，或者清理出土地用来种稻谷和树薯。这些大火造成了主要由棕榈科植物构成的热带稀树草原。不幸的是，这样的热带稀树草原几乎没有什么荫凉地，这对于安哥洛卡象龟来说太热了。目前，安哥洛卡象龟的野生数量不超过400只。

温文尔雅——四爪陆龟

中文名：四爪陆龟

英文名：Central Asian tortoise

别称：草原陆龟

分布区域：天山支脉阿克拉斯山

　　四爪陆龟因其前肢上有4个爪子而得名。它们的头比较小，头部有对称的鳞片。四爪陆龟的前肢粗壮而略扁，后肢为圆柱形。成年龟体呈黄橄榄色或草绿色，并带有不规则的黑斑。四爪陆龟腹部甲壳大而平，呈黑色，边缘为鲜黄色，并有同心环纹。同龄的四爪陆龟，雌龟大于雄龟，雌龟尾巴较短，尾根部粗壮，而雄龟尾巴较细长。如果将它们举起时，它们会伸展四肢，做举手投降状。四爪陆龟的背甲长12~16厘米，宽10~14厘米，体重0.4~1千克。四爪陆龟很长寿，能活百岁甚至更久。

　　四爪陆龟是生活在内陆草原地区的龟类。通常栖息于肥沃的草原或者荒凉孤寂的沙漠中，夜晚隐匿于洞穴中，白天外出活动时，行动敏捷。

　　四爪陆龟的洞穴有临时洞和休眠洞两种。临时洞不固定，大多选择篙草丛和芨芨草的基部作为临时栖息之所，穴深20~30厘米；休眠洞则在向阳坡地上挖掘，穴深在60厘米以上。在寒冷或干旱的季节里，四爪陆龟就会待在休眠洞中静止不动。每年3月气候转暖以后，当食物丰富了，它们才会爬出洞来到处活动。四爪陆龟主要以野葱、蒲公英、顶冰花、木地肤等十多种植物的花果为食，偶尔也吃蜥蜴、甲虫等动物。7月以后，四爪陆龟因害怕炎热的天

气，又陆续进入夏蛰状态。

四爪陆龟的繁殖期一般都在温暖的季节，雄龟和雌龟交配之后，便分开单独生活。雌龟每年产卵2~3次，每次产卵2~5枚。它们所产的卵依靠自然温度孵化，65~82天后，幼龟便会破壳而出。幼龟出生以后，便开始独立生活，四爪陆龟的成长比较缓慢，到10岁时，身体才能发育成熟。

四爪陆龟的性情极为温顺、友善，从不攻击人类或其他动物。遇到危险时，它们会将头部立刻缩进龟壳中，并保持静止不动。但是，这种自保方式基本上起不了什么作用。因此，它们常常会成为许多野兽甚至一些猛禽的猎物。而幼龟遭受的袭击最为频繁，常常沦为天敌的美食。

生性怯懦——凹甲陆龟

中文名：凹甲陆龟

英文名：Impressed tortoise

别称：麒麟陆龟

分布区域：中国的海南、广西、云南等地，缅甸、泰国、越南、马来西亚半岛

　　凹甲陆龟因背甲上的脊盾和肋盾有明显的凹陷而得名。凹甲陆龟是体型较大的陆栖龟类。其成体体长可在30厘米以上，宽可达27厘米，背甲的长度约为21厘米，宽度约为15厘米，甲壳的高度约为9厘米。它们的头部为棕色，头顶前额有两对对称的大型鳞片，颈部的角板较小，背甲为黄色，带有黑色杂斑，高高隆起，前后缘都向上翘，并且呈长锯齿形。凹甲陆龟的四肢呈圆柱形，比较粗壮。因长期在陆上活动，其趾间没有蹼；前肢上有5爪，后肢上有4爪，这也是它们与四爪陆龟的主要区别。它们的尾巴较短，身上的鳞片也较大，尾基的两侧各有一个大的锥状鳞片。雄性背甲较长且窄，泄殖肛孔距腹甲后边缘较远。雌性背甲宽短，尾不超过背甲边缘或超出很少，泄殖肛孔距腹甲很近。

　　凹甲陆龟通常栖息于高原的森林地区，喜生活于干燥环境，生活的区域有月桂属的植物、蕨类植物、杜鹃花及为数众多的一些附生植物。凹甲陆龟只在相当高的丘陵、斜坡上才有，且离水较远的地方。雨季时，有众多的龟爬出来饮水。

凹甲陆龟生性胆怯，受惊时头部会立即缩进甲壳内，但又会马上伸出来，如此重复数次，而且嘴里还不断地发出"哧哧"的如同放气的特殊声音。危险解除后，它们会将头部上下抖动，然后慢慢地伸到甲壳的外面。

在我国，凹甲陆龟的野生数量极为稀少，由于原始森林被大量砍伐，破坏了凹甲陆龟赖以生存的自然环境。再加上凹甲陆龟可供食用、药用，导致人们对其过度猎捕，使稀少的凹甲陆龟面临更加严峻的生存危机。因此，凹甲陆龟已被列为国家二级重点保护动物。

第五章

辣手无情——鳄目

鳄鱼的眼睛也同其眼泪一样具有神秘的色彩。鳄鱼突出于上部的双眼，恰好适应了鳄体从水底远距离窥视水面猎物的功能。据此，科学家们推断，古代的鳄鱼历经漫长的进化后，眼睛慢慢地移到头上部，演变为现代的具偷猎式绝技的鳄鱼。鳄鱼是一种曾经和恐龙同时存在的动物，但超强的适应力保证它存活至今。

雄霸一方——鳄鱼

中文名：鳄鱼

英文名：Siamese crocodile

分布区域：热带及亚热带的河川、湖泊、海岸

作为现存最大的爬行动物，鳄鱼在公众的心目中唯一的印象就是凶残的食肉动物。然而，对这种独特的爬行动物更进一步的观察却发现，它们表现出与哺乳动物同样微妙而复杂的行为。它们的声音让早期的旅行者害怕，而如今仍激发着科学家们浓厚的兴趣。鳄鱼父母们会忠实地守卫着产下的卵并看护新孵化的幼鳄。鳄鱼这种显著的社会性使其与龟、蜥蜴、蛇明显地区分开来，而且据此可以大致猜测出恐龙的行为习惯。

当代的短吻鳄、凯门鳄、大鳄以及食鱼鳄统称鳄鱼，它们与远古时代的恐龙颇有渊源，与恐龙和鸟类是远亲。现代的23个种类都有着相同的基本身体构造：长的口鼻部，覆盖着防护性皮肤的流线型身体，以及肌肉结实、具有推进力的尾巴。鳄鱼经过了2.4亿年的进化，它见证了恐龙的繁盛和灭亡，其进化的成功直接得益于鳄鱼长期以来所处的主要的生态地位——水域中的霸主。现存的鳄鱼都有共同的生活方式、独一无二的身体结构以及生理特征。

对于所有的鳄鱼而言，在水下的藏匿能力是至关重要的，因为这些岸边的机会主义掠食者常常需要在水域边缘埋伏捕捉猎物。它们策略性地只把耳朵、口鼻尖部尽量少地暴露在外。一个骨质的次级颚使它能够闭着嘴呼吸，有一块颚翼可以避免水进入喉咙。强硬的颅骨与强健有力的颚部肌肉配合，

在嘴巴咬合时，能在圆锥形的牙齿上产生9800牛顿的力，从而使鳄鱼能够把乌龟壳咬得粉碎，并能够咬穿及叼住更大的猎物。

　　由于鳄鱼能够沉入水下并保持数十分钟甚至几个小时，因此它们的猎物常常都是被溺死的。一只沉于水下的鳄鱼能够大大减少血液向肺部的流动，而是利用位于分隔的四个心室之间的一条旁路（潘尼兹孔）。这又是这一群组的特征之一。鳄鱼还拥有一项与其他爬行动物相同的特征，即可以依靠无氧代谢间歇性地呼吸，这使它们在进行各种活动时能改变自身的心率和血液流动状态。通过一块与肝脏和其他内脏相连的肌肉在呼气和吸气时像一个活塞一样作用，使鳄鱼的呼吸作用得以顺利进行。通过一次突然地呼气或一次尾部和后肢的有力拍击，鳄鱼就能潜入水中，向下并向后运动。

　　鳄鱼强有力的尾部占了身体总长的一半，在水中游动时，以身体为轴，左右波状摆动。它们的肢部在游弋或猛扑时都收紧于体侧，但在"制动"或变换方向时会伸展开。有些鳄鱼可以用"尾部行走"，几乎全身都跃出水面扑向猎物。另外，还有一些鳄鱼，如澳大利亚淡水鳄，可以经常性地在起伏不平的陆地上"疾驰"。年幼的和成年的鳄鱼都可以攀越好几米高的障碍。在陆地上的行进包括一种"高足漫步"的形式，在这种情况下，它们几乎把四肢撑得与身体垂直，以一种更像是哺乳动物的步态前进。这得益于它们有一套拥有球状脊椎骨臼窝的轴向支撑系统，从而提高了其在水中和陆地上的运动能力。

鳄鱼并非是挑剔的食客，它们吃的食物很杂，除了植物，只要有蛋白质含量的食物都行。鳄鱼会经常出现在鸟巢、蝙蝠栖息处和有大量鱼群进出的裂缝处捕食。鳄鱼喜欢的食物比较固定，但常常又被迫改变食谱。

鳄鱼常常把整个或大块的猎物一口吞下，使其在一个像袋子一样、肌肉厚实的胃里消化。其胃里有一个个纵向生长的石状隆起，专门用于消化它们吞入的坚硬、不易消化的食物。

同其他的爬行动物一样，鳄鱼也是依靠外部热源来调节体温的变温动物。每一次活动都来自无氧代谢所提供的动力，然后需要很长一段时间来恢复。鳄鱼的反应敏捷有力，但容易疲劳。鳄鱼的行为都倾向于是偶发性的，一次行动可能包含了几次从几分钟到几小时不等的停滞状态。鳄鱼的新陈代谢率很低，这样反过来又可以减少食物的需求量。如果体温一直保持较低的话，一个大型个体可以连续几个月不进食。

鳄鱼生活在世界范围内的几乎所有湿地中，足迹遍及茂密的雨林到岛屿。某些鳄鱼可以在含盐分的水中生活甚至直接生活在海中。短吻鳄和凯门鳄在舌头上没有盐分排泄腺，而火鳄和食鱼鳄有。除了短吻鳄和凯门鳄，现存的鳄鱼分布状况反映了它们越洋分布的能力。成水鳄广泛分布于东南亚至新几内亚和北澳大利亚的入海口地区，有时甚至大胆地游到最近的聚居地1300千米以外的卡洛琳群岛。

幼鳄和成年鳄不像新孵化出的鳄鱼那样喜欢群居，但它们也会结成松散的社会群体，包括美洲短吻鳄和尼罗河鳄在内的几种鳄鱼常常会在一天中的某个时刻集结成群享受日光浴。而在较干燥的栖息地，个体则会集结成群或根据体型或年龄分组集结在永久性水域附近。在委内瑞拉大草原，凯门鳄集中在少数几个永久存在的池塘附近。澳大利亚淡水鳄则聚集在一些孤立的死水潭中。

鳄鱼靠声音、姿势、运动、气味以及触碰传递社会性讯息。这种交流在鳄鱼孵化时就开始了，并贯穿于整个成年时期。刚孵化出的雏鳄会自然地发出叫声，或者当它们受到侵扰时也会发出声音，如果是后一种情况，成年鳄鱼便会威胁或攻击来犯者。小鳄鱼也会发出声音集结成群。尤其是在被围困时，幼鳄和成年鳄会从喉咙发出类似于"哇哇"的叫声。短吻鳄尤以它的叫声引人注目——繁殖期的雌雄短吻鳄低沉地吼叫并且一唱一和。当其他成年鳄靠近时，有些鳄鱼就会发出嘶哑重复的吼叫。比起生活在沼泽、湿地中的鳄鱼，在开阔水域、湖中和沿河一带的鳄鱼种群却并不常发出叫声。

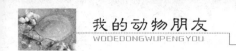

得天独厚——扬子鳄

中文名：扬子鳄
英文名：Chinese Alligator
别称：中华鼍、土龙、猪婆龙
分布区域：中国长江中下游地区

    扬子鳄在中国古籍中一般称它为"鼍"。它的历史最早可追溯到中生代，与恐龙、翼龙等源出一个祖先。在2亿多年前，它曾经在地球上非常活跃。在7000万年前的大灭绝时期，恐龙遭到了灭顶之灾，扬子鳄却幸存下来，并一直延续至今，被人们称为"活化石"。

    扬子鳄主要生活在淡水中，分布区域较广，主要栖息于长江中下游河流沿岸的湖泊、沼泽地，丘陵山涧地的芦苇、竹林及杂灌地带。

    扬子鳄体长约2米，它们的头部较扁，吻短钝，外鼻孔位于吻端，是世界上仅存的两种短吻鳄之一。另外，其四肢粗短有力，后趾趾间有蹼，趾端有爪。扬子鳄皮肤上覆盖着大的角质鳞片，背部为灰褐色，腹部前面为灰色，自肛门向后灰黄相间。刚刚生下来的小扬子鳄则为黑色，并带有黄色的横纹。

    扬子鳄的挖洞技术堪称一绝，它们的头、尾和趾爪都是极好的打洞工具。其洞穴内部曲径通幽，纵横交错，就好比一座地下迷宫，通常有好几个出口，有的在岸边滩地芦苇、竹林丛生之处，有的在池沼底部。地面上还有出入口、通气口，而且还有适应各种水位高度的侧洞口。也许正是这个用智慧筑成的地下迷宫帮助它们度过了严寒的冬天，同时也帮助它们躲避了敌害而幸存下来。

　　扬子鳄生性好静，白天常藏在洞穴里，夜里才外出觅食。当然，有时它们也在白天出来活动，尤其喜欢趴在洞穴附近的沙滩上晒太阳。在那个时候，它们常常紧闭双眼，趴伏不动，看上去像一块木桩。一旦扬子鳄遇到敌害或发现食物时，要么纵跳抓捕，用那巨大的尾巴猛烈横扫对方，要么迅速沉入水底来逃避敌害。

　　扬子鳄以各种兽类、鸟类、爬行类、两栖类和甲壳类动物为食。在捕食时，扬子鳄常常潜伏在水中，只将鼻孔和眼睛露出水面，悄悄地接近猎物，然后突然发起攻击。在进食的时候，它们常常是边流眼泪边吃食物，好像不忍心把这些小动物吃掉。扬子鳄真的是出于一种慈悲之心吗？事实上并非如此。扬子鳄需要通过一个特殊的腺体把它体内多余的盐分排放出来，而这个腺体的位置恰好就在它们的眼睛旁边。每当它们进食的时候，腺体恰好也在分泌并排出带有盐分的液体，所以人们常常误以为它们是在假惺惺地怜悯那些小动物了。

经过漫长时间的冬眠之后，到了暮春时节，大约在6月份，扬子鳄开始进行交配。交配之时，雌雄扬子鳄之间发出不同的求偶叫声，方圆百米都能听到。它们以呼叫声作为信号，逐渐靠拢到一起。到了7月初，雌性扬子鳄开始用杂草、枯枝和泥土建筑巢穴产卵，每巢产卵为10~30枚。扬子鳄的卵呈灰白色，比鸡蛋略大，卵上覆盖着厚草。这些草在阳光的照射下腐烂发酵，并散发出热量，鳄卵正是利用这种热量来进行孵化的。孵化期内，母鳄经常守卫在巢旁，任何人或动物如有冒犯的举动，都会付出惨重的代价。2个月后，小扬子鳄出生了，母鳄会扒开盖在仔鳄身体上面的覆草等杂物，把它们引到水中。

20世纪以来，扬子鳄的洞穴不断地被人为破坏，蛋被捣坏或被掏走；化肥、农药的使用也大大减少了扬子鳄的主要食物——水生动物的数量；又因为扬子鳄经常在圩堤上挖穴，损害庄稼，农民把它们当做有害动物猎杀。这些原因导致扬子鳄的分布地区不断缩小，数量也日益减少，扬子鳄开始走向灭绝。据一些上了年纪的老人回忆，七八十年前，安徽芜湖一带的河滩上还生活着很多扬子鳄。可是到了1949年，已很难听到扬子鳄的叫声了。

为了保住这一古老的物种，中国政府于1972年将扬子鳄列为国家一级保护动物，还专门投入了大量的物力和人力在安徽宣州建立了保护区，试图改变扬子鳄濒临绝灭的状况。

与此同时，民间也掀起了自发保护扬子鳄的行动。1982年，在浙江省长兴县一个叫尹家边的小村庄里，当地的农民捕获到一雌一雄两条扬子鳄。虽然村民们生活穷困，但还是怀着"决不让国宝在我村灭绝"的朴素信念，自发建立了也许是世界上最小的扬子鳄保护区。他们用自己勤劳的双手和赤诚的心为扬子鳄做窝12次。期间，扬子鳄产下了236枚卵，孵出幼鳄208条，存活了170条。

可是，仅靠扬子鳄自身的繁殖，仍无法挽回其种群走向绝灭的总趋势。从20世纪70年代起，我国的科学工作者便开始踏上了发展人工繁殖扬子鳄的征途。1979年，安徽省林业厅在宣城市夏渡林场创办了扬子鳄养殖场；1983年，经安徽省政府批准建立了扬子鳄繁殖研究中心。现在我国人工孵化鳄卵、人工繁殖鳄群技术已走在世界前列。

让人兴奋的是，曾经一度濒临灭绝的扬子鳄，数量不仅没有减少，反而有了大幅回升之势。在科学工作者们的不懈努力下，扬子鳄的数量已从建场初期的170条增加到4000多条，现在每年的繁殖数量都在1000条以上。扬子鳄已成为被国际贸易公约批准的第一种可以进行商品化开发利用的受胁动物。

扬子鳄，这个正在逐步走出灭绝困境的古老物种让我们看到了希望的曙光，但愿在以后的日子里，它们会活得越来越好！

凶残成性——湾鳄

中文名：湾鳄

英文名：Estuarine Crocodile

别称：食人鳄、河口鳄、咸水鳄、海鳄等

分布区域：东南亚沿海至澳大利亚北部及巴布亚新几内亚

湾鳄，古称"呼雷"、"蛟"，是鳄类中唯一能生活在海水中的种类。

雄性湾鳄体长4~6米，重500~1100千克，雌性较小，体长一般不超过3米，重150千克左右。湾鳄身体呈橄榄色或黑色，腹面为纯白色。它们通常栖息在入海口、海岸边、盐水沼泽地带以及河流的下游。湾鳄以各种鱼、蟹、蚌类等水生动物为生，也吃鸡、鸭、猪、牛、羊、马等陆地动物，甚至吞吃同种幼鳄。

湾鳄一旦吃饱了，就会爬到沙滩上小睡片刻。有时也会潜入水底，一连十几个小时也不露面。虽然鳄鱼经常昏睡不动，但它们的听觉和视觉却相当敏锐。如果有动物接近，它们都能及时发觉，并出其不意地袭击对方。

湾鳄捕猎时，常常会埋伏在海岸草丛或泥滩中，仅露出一双小眼睛和小鼻孔。只要一有人和动物靠近，它们就会突然冲出水面，把被捕者拖入水中淹死，然后张开有力的上下颚，一口把动物或人咬成两段。鳄鱼没有牙齿，吃食时从不咀嚼，而是囫囵吞下。有时遇到较大的动物，不能整个吞下时，它们便咬住动物的躯体，使劲在岩石或树干上摔打，直到摔成碎块，再吞而食之。而且，每条湾鳄的胃里都装着一些石子，有助于消化。在澳大利亚北部和巴布亚新几内亚地区，湾鳄每年都要吞食很多大型动物和一些人。所以，

　　人们也常将湾鳄称为"食人鳄"。湾鳄生性凶猛，会主动攻击人类。据说，有人曾在非洲捕捉到一条4米长的湾鳄，剖开它的肚子，竟发现里面有8串珍珠、1对银耳环，还有一些100多年前流行的饰物。另有一条体长5米的湾鳄，在被捕获后剖开肚子，也发现有小孩子的破衣服、银币、银手链、脚链和人的头发等。

　　湾鳄为卵生，每次会在岸边的巢穴中产卵30~40枚，最多可达60枚，如鸭蛋般大小。孵卵期间的雌鳄极其凶恶，有护卵习性。

　　产完卵后，母鳄就把卵藏在事先准备好的树叶、干草之下，自己则伏在上面孵卵，连续孵60多天后，幼鳄即破壳而出。也有的雌性湾鳄会把卵放在水边的沙穴中，靠阳光照射的温度自然孵化。幼鳄出生后，体长只有24厘米左右，身体弱小，主要靠母鳄背负着去外边觅食。半年后，小鳄才能离开母鳄独立生活。幼鳄的生长速度很缓慢，要15年左右的时间才能长到六七十厘米长，即使是30年后也只有1米多长。

年代久远——美洲鳄

中文名：美洲鳄

英文名：The American alligator

分布区域：美国、中美洲、西印度群岛、厄瓜多尔和秘鲁等地的海湾

2007年7月，美国一位虐待动物预防协会的工作人员在海滩散步时，发现了一只移动的枕头套，令人惊讶的是枕头套里装的居然是只美洲鳄，这位工作人员还在枕头套上看到了"活着的美洲鳄，请为它找一个家"字样。

美洲鳄是淡水动物，在鳄鱼家族里是属于体型较大的一种，最长能到6米以上，平均身长是3.4米，它们是鳄鱼家族中分布最广、数量较多的种类，尽管如此，但它仍属于濒危物种。同时，美洲鳄也是鳄鱼家族里分布最靠近北边的成员，最北能到美国佛罗里达南部，向南经中美洲、西印度群岛到达厄瓜多尔和秘鲁，能在海湾、河流、湖泊、泻湖等不同水域生存，还能像湾鳄一样穿越比较宽阔的海面。

美洲鳄的成员很多，西半球最大的鳄鱼奥里诺科鳄就是其中之一。它们的体长可达7米，特征与美洲鳄非常相似，是真正的南美霸主之一。而密西西比鳄、凯门鳄等也都同属于美洲鳄类，成员中甚至还有非常罕见的白化美洲鳄。2008年4月，一条名叫"白钻石"的罕见的白化美洲鳄就在德国北部霍登哈根的一个野生动物园展出。这条14岁的白化美洲鳄产于美国路易斯安那州，是目前欧洲仅有的一条白化美洲鳄。

美洲鳄外貌丑陋，头部扁平，有个很长的吻，有外甲，全身长满角质鳞

片，尾巴长长的，呈侧扁形。它们的皮肤上有振动传感器，这些传感器非常敏感，任何细微的振动都逃不过它的"法眼"，美洲鳄就是凭借这些传感器而提前避开了无数的危险。另外，它们还有冬眠的习惯，甚至能在冰冻的环境下存活。当天气逐渐变冷的时候，美洲鳄的行动也会逐渐变得迟缓，当温度低于21℃时，美洲鳄就会停止进食。当天气变得更冷的时候，美洲鳄就会在河岸或者池塘边上挖个洞开始休眠，直到天气回暖，冰面消融，它们就能继续畅游了。美洲鳄的这些特长帮助它们成功度过了恐龙大灭绝的时期，如今它们已经在地球上存活了1.8亿年，并将继续生存下去。

美洲鳄是下蛋较多的动物，每次产20~90枚蛋，在美洲鳄蛋孵化所需的近40天里，母鳄会一直守在它们的巢穴旁边，为防止浣熊等食肉动物的袭击。鳄鱼宝宝并不是同时孵化出来的，鳄鱼宝宝刚孵化出来的时候可能会被埋在巢底，这时鳄鱼妈妈又会把它们从里面"解救"出来，之后母鳄会一直待在巢穴附近，一旦鳄鱼宝宝遇上危险，它便会立即赶到。

作为冷血动物，美洲鳄不需要频繁进食，甚至两三内年不进食也可以照样存活，但这并不能说明美洲鳄是"温柔"的动物。它们的食物主要有鱼、

海龟、鸟类和小型哺乳动物等，饥饿时任何移动的物体都有可能成为它们的食物，包括在它们附近玩耍的儿童或宠物。捕食时，美洲鳄既不是捕猎者也不是采集者，它们往往采取守株待兔的方式捕猎，只将眼睛和鼻孔露出水面，耐心潜伏，一直等到猎物进入它们的狩猎范围才猛然行动。它们一旦捕猎成功，便会先用嘴巴紧紧咬住猎物，把它们拖入水中淹死，但它们却只能在陆地进食，否则水也会充满美洲鳄的胃和肺。美洲鳄的消化功能很好，能消化任何吞食的东西，包括骨骼、肌肉等。

无肉不欢——短吻鳄

中文名：短吻鳄
英文名：alligator
分布区域：中国、美国

　　短吻鳄，属短吻鳄属，它和南美洲的凯门鳄属一起构成短吻鳄科。和其他科的鳄一样，短吻鳄也是一类像蜥蜴那样个体较大的动物。它们的尾巴强健，既可以进行防卫，又可以用来游泳。和其他鳄相比，短吻鳄的嘴比其他鳄的宽。短吻鳄很长的头顶上长着眼睛、耳朵和鼻孔。当它从水中浮上来的时候，眼睛、耳朵和鼻孔都会露出水面。

　　短吻鳄栖息在宽广的水域，如湖泊、沼泽和大河的周围。它们挖掘洞穴，用以逃避危险和冬眠。雄性和雌性短吻鳄都会发出"嘶嘶"的叫声，雄短吻鳄还会发出响亮的吼声，很远的地方都能听得见。到了繁殖季节，雌短吻鳄用泥土和植物筑起窝来，在里面产下20~70枚外壳很厚的蛋，并且把它们掩埋好。在蛋孵化期间，它们还会看守着，这也是一件危险的工作。美洲短吻鳄害怕人，见人一般都会逃匿，这在鳄鱼中是很少见的，更多的鳄鱼种类会向人发起攻击。

　　短吻鳄是肉食性动物，而且是个不挑食的捕食者，基本上能捉到的东西它们都吃。年幼时吃鱼类、昆虫、蜗牛和介虫。长大后，它们逐渐捕食较大的猎物，包括较大的鱼类、龟、各类的哺乳类动物、鸟类和其他爬行动物。而当食物不够时，它们也会吃动物腐肉。成年的短吻鳄能捕食牛和鹿，而且

也会捕食较小的短吻鳄。某些较大的短吻鳄也会捕杀佛罗里达美洲豹和熊，令它在整个过程中成为顶上的猎食者。由于人类侵犯它们的栖息地，对于人类的攻击也不多。因为短吻鳄不像一般鳄鱼，不会立刻把人类当成猎物。

短吻鳄身体的颜色多数为深色，并接近黑色，这与其生活所接触的水有关。例如，生长于充满藻类的水中会使它们变得较浅色，而水中有许多的单宁酸（来自树木）则会使它们变得更深色。此外，当它们把嘴闭上时，只能看见有上颚的牙齿，但其他鳄上下颚两边的牙齿都可见，由于很多短吻鳄颚部畸形，造成这方面的鉴定更复杂。而当被灯光照射时，较大的短吻鳄的眼睛会发红光，而较小的短吻鳄则会发绿光。

笑里藏刀——凯门鳄

中文名：凯门鳄
英文名：Caiman
分布区域：美洲南部和中部

凯门鳄产于美洲南部和中部，与短吻鳄有较近的亲缘关系，同属于短吻鳄科。和所有的鳄一样，它们也是食肉的两栖动物，生活在河流等水域的边缘。

凯门鳄中最大的一种是黑凯门鳄，它的体长可达到4.5米，对人类会构成威胁。其他种类的凯门鳄一般长1.2~2.1米。眼镜鳄最长的有2.7米，产于从墨西哥南方到巴西的热带地区。它们大多在水流缓慢而多泥底的水中繁殖。自从美国的密西西比短吻鳄受到法律保护以后，数量巨大的凯门鳄被捕捉运往美国出卖。凯门鳄中体型最小的是两种平头凯门鳄。它们分布在亚马逊水流湍急而多石的河流中。

凯门鳄这一属的眼睛前端有一横骨嵴，就像人戴的眼镜架一样，因此有"眼镜鳄"之称。最长的普通凯门鳄可达250厘米，常见的成体长150~200厘米，初孵幼鳄长20~25厘米。吻稍长，端部略高起，吻长略大于吻基宽度。凯门鳄两颌有槽生锥形齿，不太明显。较老的成体第一下颌齿与第四下颌齿相同，可使上颌突出，后面齿长在一公共的齿槽内。下颌骨延伸到第四或第五齿水平面。后枕鳞由6~8块鳞片排列成2~3横排。项鳞有4~5横排，前后靠得很紧密，其中有2排或2排以上，每排有4鳞，其与背鳞相接。背鳞为

18~19横排，每排有8~10鳞。尾背前部有12~13对双列鬣鳞，后部有18~19个单列鬣鳞，尾下鳞环列。腹领由稍扩大的单横排鳞组成。腹鳞缺皮肤感官，20~24横排，前后排彼此略叠盖。仅趾间有蹼。背面是橄榄绿色，头、体和尾上有许多深色斑，背和尾上还有深棕色或黑色的横带纹，腹面是纯米色或浅黄色。初孵小鳄颌部两侧有浅色斑，小鳄长到约35厘米时浅色斑会全部消失。

筑窝、生蛋、繁殖后代的任务是由雌性凯门鳄承担的，雌鳄会筑大型的窝产卵，宽度可达1.5米。雌鳄一次会产下10~50枚蛋，这些蛋大约在6周内孵化。凯门鳄的蛋壳很厚，产下以后还要受到雌鳄的保护。幼鳄出壳时会发出叫声，雌鳄（有时雄鳄也协助）将巢挖开并护送幼鳄进入水中，偶尔雌鳄也用嘴帮助幼鳄破壳，并用嘴携带幼鳄进入水中。

南美许多国家都饲养凯门鳄，哥伦比亚人工养殖场每年产30万~45万张皮，巴西也建立了100多个人工饲养场。目前，人工养殖的凯门鳄与雅卡凯门鳄提供的鳄皮约占整个鳄皮贸易的3/4，这种贸易符合国际贸易法的相关规定。

龙鸣狮吼——美国短吻鳄

中文名：美国短吻鳄

英文名：American alligator

别称：密河鳄、美洲鳄

分布区域：美国东南部淡水沼泽、湖泊和河流

美国短吻鳄是西半球大型的鳄鱼品种，它有着圆而宽的口鼻部，与原产自中国的扬子鳄有亲缘关系。

每年的4~5月是美国短吻鳄的繁殖季节，雌鳄会在一片植物带中产卵25~60枚。幼鳄为黑色，身上点缀着无规律的黄色横向带纹，到了成年时就会消失，因为黄色斑纹会逐渐被黑色素及藻类遮蔽。

美国短吻鳄的幼鳄以昆虫、虾、蝌蚪、青蛙和鱼为食，而成年鳄鱼会捕食龟、鱼、浣熊、鸟类和动物尸体。为了捕捉在水面上的雀鸟进食，它们有时会突然用其尾部支撑着身体站起来。它们通常在清凉的黄昏捕食。其野生个体的寿命是35~50年。

美国短吻鳄是爬行动物中叫声较大的物种之一，它们的叫声就像狮子的吼声。

一般的美国短吻鳄长约1.8~3.7米，据说，佛罗里达州的最大短吻鳄有5.3米长，而在华盛顿湖边植物园北边的湿地岛和路易斯安那州发现的短吻鳄是最大的美国短吻鳄，长有5.8米。少许巨型的样品有被称过重量，最大的超过1吨重。

　　美国短吻鳄袭击人类的事件远比其他鳄鱼少，但有时仍会有意外发生。美国短吻鳄被捕杀主要原因是由于它们的皮可以制作皮革制品。20世纪60年代，美国短吻鳄由全猎杀改为受保护动物，族群数量已逐渐增加，而事实上，它们在某些地区仍被视为不受欢迎的危险动物而被人驱逐。